15分動画でワクワク！
小学生の授業
シーズン2・3

岡崎 勝 著

ジャパンマシニスト社

はじめに

いま、ほんとうに求められている力は？

安易な業績や成績にとらわれない

　この授業動画には、子どもたちにほんとうに必要な好奇心、探究心、想像力、創造力そして未知なものへのチャレンジ精神が育つように応援し、支援する要素がたくさん盛りこまれています。

　暗記や問題の解答に「早く近づく」ことよりも、いまの時代と世界に求められているのは、**不安や危機を乗り越えるために、仲間を大事にする「協働性」、「発想の豊かさ」そして「知恵」**なのです。

　そして、暗澹_{あんたん}たる世界でも自分が輝くことで、周囲や未来を照らすことができるのです。安易な業績や成績にとらわれないことも学ばなければなりません。

　ほんらい、学校の授業は過去に学び、現在を充実させ、未来に資するものでなくてはならないのです。

授業がつまらない！

　しかし、「授業がつまらない！」という子どもたちがいます。いやいや、おそらくですが、小学校の子どもたちのかなり多くが「授業がつまらない」というかもしれません。

　ボクは小学生のころ「授業がつまらないのはあたりまえだし、しょうがないよな」と思っていました。それに、「つまらない」とい

われることを、ずーっと続ける先生もかなり「つまらない」だろうなと思いました。ですから、自分が教員になったときに「楽しい授業」をやろうと決意したのです。

ただ、決意はしましたが、そんなに上手くいくものでもありません。学校では「楽しい授業」より「ためになる授業」が大切だということになっています。

そこには「厳しく鍛えて耐えて学ぶ授業」がほんとうで、「楽しい授業」は子どもたちには望ましくないという考えがあるのです。でも、それは大きなまちがいです。

「楽しい、おもしろい、ゆかい」　だから人は学ぶ

なぜなら、子どもだけではなく人というのは「楽しい、おもしろい、ゆかい」だから学ぶのです。ときには「楽しさのために自分を厳しく鍛える」ことだってします。「楽しい」というのは多様です。「楽しい厳しさ」だってあります。「楽しい」ことだと思うから、がんばれるのです。

楽しくなければ授業ではない！ と宣言することで、教室の空気は確実に変わります。授業の優先順位の一番は子どもたちが「楽しい」と実感できることです。

「あたりまえ」への疑問を大切に

「電気ってなんですか？」「どうしてLEDは明るいのですか？」「どうしてアメリカ人は英語を話すのですか？」という質問をすると

「そんなの、あったりまえじゃないか」という人が多いでしょう。でも、じつは「あたりまえ」とか「だれでも知っている」ということが、意外にわかっていないのです。

　ボクは教室で、自分自身の小さいころの疑問を思いだしたり、教室では、なかなか質問しにくい子どもたちのことを予想したりして授業をしてきました。

「わからない」をきっかけにして

　ボクが小学校3年生のとき、磁石を使う授業がありました。担任の川島先生が「実験でなにかわかった人は手をあげなさい」というので、ボクは「棒磁石のまんなかにはクギがつきません」と自分ですごい発見をしたと思って自慢げにいいました。

　ところが、先生は「そんなことあたりまえでしょ」というのです。「へぇーそうなのか？　じゃあ、先生、どうしてまんなかに（クギが）つかないのですか？」と聞くと、「ほかに意見のある人？」と無視されました（笑）。たぶん、先生はボクの質問の答えが見つからなかったのだと思います。

　わからないことや不思議なことは、勉強のとても大きなきっかけになります。大人だってわからないことがたくさんあるのです。もちろん、先生でもです。だから、わからないことを勉強して調べてみることは「楽しい」し、頭の栄養になります。

　この「おかざき学級」の授業も、**疑問やわからないことを出発点に、できるだけみなさんに、楽しく伝えたい**と思ってつくってあります。

4

親や先生へのヒントに

　この動画は、先生や親にも見てほしいのです。自分が子ども時代に教えてもらったことをもう一度確かめることもできますし、こうやって教えると楽しく教えられるかもしれないという「ヒント」にもなると思います。
　この「おかざき学級」の授業動画とブックレットで「学ぶことの楽しさ」を、ぜひとも実感してみてください。

岡崎　勝

岡崎　勝　おかざき・まさる

1952年愛知県名古屋市生まれ。小学校教員45年め。フリースクール「アーレの樹」理事。〈おそい・はやい・ひくい・たかい〉編集人。きょうだい誌〈ちいさい・おおきい・よわい・つよい〉編集協力人。
著書に『ガラスの玉ねぎ――こどもの姿を写し出す1年白組教室通信』『きみ、ひとを育む教師ならば――「小学校の先生」といわれる私たちの仕事とその意味』（ともに小社刊）、『学校再発見！――子どもの生活の場をつくる』（岩波書店）、『センセイは見た！「教育改革」の正体』（青土社）、『子どもってワケわからん！』（批評社）、共・編著に『がっこう百科』（小社刊）、『友だちってなんだろう』（日本評論社）など。
学校バトルを楽しみながら、遊び心を失わないで、したたかに生きたい。

写真　吉谷和加子（p5、表4）

目 次 （ 時 間 割 ）

はじめに　いま、ほんとうに求められている力は？（岡崎　勝）………2

本書の使い方／動画配信について（編集部）………8

シーズン2

低 学 年 の 授 業

1　〈暮らしと科学〉**「わがまま」はダメ !?** ………10

2　〈日本語とことば〉**漢字のはじまり！** ………15

3　〈数と形の世界〉**たしざん・くりあがり** ………20

4　〈数と形の世界〉**ひきざん・くりさがり** ………25

5　〈暮らしと科学〉**おばけのねがい** ………30

中 学 年 の 授 業

1　〈数と形の世界〉**コンパスと円** ………36

2　〈いのちとからだ〉**地獄と天国…ほんとにあるの？** ………41

3　〈日本語とことば〉**「うそ日記」を書く** ………46

4　〈暮らしと科学〉**もし、いじめにあったら** ………51

5　〈暮らしと科学〉**どうして学校へ行くの？　勉強するの？** ………56

高 学 年 の 授 業

1　〈暮らしと科学〉**家族ってだれのこと？** ………62

2　〈数と形の世界〉**単位はなぜできた？** ………67

3 〈暮らしと科学〉**子どもを守る「子どもの権利」** ………72

4 〈いのちとからだ〉**ドラキュラと血液の関係** ………77

5 〈いのちとからだ〉**「いいにおい」と危険な化学物質** ………82

シーズン3

低学年の授業

1 〈数と形の世界〉**正方形は、長方形？** ………88

2 〈暮らしと科学〉**「わすれもの」をなくしたい！** ………93

3 〈いのちとからだ〉**「しょうがい」ってなに？** ………98

中学年の授業

1 〈数と形の世界〉**円周率** ………104

2 〈暮らしと科学〉**自由勉強、なにをする？** ………109

3 〈暮らしと科学〉**じしゃくと電流** ………114

高学年の授業

1 〈数と形の世界〉**「単位量」の基本** ………120

2 〈数と形の世界〉**消費税の計算** ………125

3 〈暮らしと科学〉**月の見え方と太陽の位置** ………130

おわりに　授業は子どもと教師の生きる場所（岡崎　勝）………135

本書の使い方

　本書は、動画「おかざき学級(『小学生の授業』)」シーズン2・3の解説書です。『小学生の授業　シーズン1』に続いての第2弾。

　「おかざき学級」は、「早く・正確に答えを出す」ための近道ではありません。でもこれは、のびやかに、わくわく生きる大人になるための確実な一歩。ここで培われた力は、きっと学力にも反映されることでしょう。

　授業は、低学年・中学年・高学年向けに分かれていますが、教科ごと、興味のあるテーマからお楽しみください。授業動画は、多くの子どもの集中の限度、15分を基本にしています。

　本書に収載されているのは「時間割」「テキスト」「解説」。「テキスト」は、**復習や、どんな動画か知りたいとき、メモを書きこみたいときなどに便利**。

　各授業には、大人向けの「解説」を付しました。**授業の意図、工夫の紹介や提言で、さらに理解が深まります**。

　動画と本書で、親子でいっしょに学び、楽しんでいただけます。お子さまからの質問や疑問は、下記ジャパンマシニスト社営業部までお送りください。

編集部

動画配信について

　本書に掲載された授業動画は、YouTubeにて配信しています。インターネットに接続できる環境で、スマートフォン、各種タブレット、パソコンなどをご利用いただき、下記のQRコード、URLから、または「YouTube ジャパンマシニスト社」で検索いただきご視聴ください。

●「おかざき学級」を配信している「ジャパンマシニスト社チャンネル」の「登録」をぜひお願いいたします。

　お問い合わせ：ジャパンマシニスト社
　　　　　　メールアドレス　info@japama.jp　　電話　0120 (965) 344

https://japama.jp/okazaki_class/

シーズン
2

低学年の授業

シーズン2 低-1 〈暮らしと科学〉
「わがまま」はダメ!?

動画はこちら↑

　はい、みなさんこんにちは。岡崎先生です。毎日学校へ行ったり、塾に行ったりして疲れたら遊んでね。それがいちばん大事ですよ。

「やりたくない」という子がいたら

　学校で2年生の子たちに、「クラス全員で遊ぼうよ」と提案をしたことがありました。そして、「どんなことをして遊ぶのがいいか、相談してください」といったら、みんなでそれを出してくれました。

　なわとび、おにごっこ、いろいろ案が出たので、「多数決で決めよう」となりました。「多数決」は、みんなで手をあげて、手をあげた人が多いものをやることだね。

　それで手をあげてもらったら、ドッジボールがいちばんたくさんありました。ところが始めようと思ったら、①「やだ、やりたくない」という子がいました。そうしたら、みんないろいろなことをいうよね。

みんなから出た声は……

　たとえば、「わがままで自分勝手なことはダメだよ」。それから、「決まりを守らない子はダメ！」。ほかには、「いやなことでも一生懸命やらなきゃダメだよ」という子もいました。

10　シーズン2　低学年

では、先生はそのときになんていったでしょうか。

1番。「話し合いがうまくいかないなら勉強に変えるよ」。

2番。「なんとか、みんなで工夫をしてうまくやってちょうだい」。

3番。「わがままいうな！　みんなで決めたんだろう」。

4番。「怒ってブワッと火をふいた」。

　4つのうち、みんなはどれだと思いますか。岡崎先生は、こういいました。「なんとか工夫してちょうだい」。せっかく遊びの時間をとったのに、遊べないのは悲しいでしょ。だから、そういったんです。

ほんとうにいけないこと？

　でも、みんなは「わがまま」とか「自分勝手」とかいっているわけ。だから先生は、「わがままって、ほんとうにいけないことなの？」と聞いたんです。そうしたら、「あたりまえじゃん」といいました。

　「わがまま」の意味、知ってる？　ちょっと難しいよね。②「我儘」というのは、「私」がそのとき「心に思っているとおり（そのまま）」のことをやること。それは、「自分勝手」「ほかの人に迷惑をかける」ということで、「ダメよ」といわれています。

　それから、「決まりを守らなければいけないんじゃないか」というのがあったけど、先生はちょっと「？」です。なぜかというと、決まりはいつも正しいわけではありませんよね。

　たとえば昔は中学校に行くとき、男の子は坊主、女の子はおかっぱという学校の決まりがありました。そうすると、髪の毛が長いのが好きな子も、のばすのはダメとなる。

　だからそういうものはやめようということで、いまはそんな決まりのある学校はほとんどないよね。**決まりはみんなのためにある、自分たちの**

ためにあるわけだから、変えていいわけです。
　じゃあ、「一生懸命」っていうのはどう？　これも難しいね。
　まず③「一所懸命」というのがあって、これは「ひとつの場所」で懸命に働くことをいいました。おさむらいさんの時代、おさむらいさんがえらい人に土地をもらって、その場所で働いていたんだね。
　いまは「一生懸命」と、こういう字を書きます。「一生」って、生まれてから死ぬまでだね。命をかけて働く。でも、どう？　**あまりがんばりすぎて、病気になったら困る**ね。そこは注意しなければいけない。
　だから岡崎先生は、みんなで助けあいながら「一緒に一生懸命やる」といいかなと思います。

話を聞いてみると新しい発見が

　こういう話をみんなにしたところ、いままで「わがままいうな」といって怒っていた子たちから、こんな意見が出ました。このわがままな人たちに、「話を聞いてみよう」と。そうしたら、理由をいってくれました。
　ひとつは「ボールが当たると痛い」。ドッジボールの「ドッジ (dodge)」は「よける」「逃げまわる」という意味だけど、いまはビシッと当てるゲームになっている。当てられるのがいやな子は絶対にいるよね。
　それからもうひとつは、「遠くに投げられない」。ボールを持っても、味方に届くように投げられない。
　そういう、ドッジボールが得意じゃないと思っている子たちは、やっぱりやりたくない。わがままな人たちの話もちゃんと聞いてみると、なるほどなと思うことはあるよね。そこで、こんな工夫をしました。
　まず、当たると痛い人は外野でプレイしていいルールにする。さっき

いったように、「決まり」は、みんなのためになる決まりか、よく考えなきゃいけない。だから、それをうまく考えてくれたわけ。

　それから、遠くに投げられない子たちは、前に出て投げていいことにする。線より3歩か4歩前に出れば、自分の味方の外野まで届くし、ひょっとしたら友だちに当てることもできるかもしれない。**あまり得意じゃない人がいっしょにみんなと楽しむためには、こういうルールがあってもいい**よね。④こういうことを話しあってくれました。

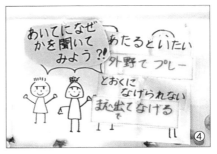

気持ちや考えを伝えあおう

　先生がそのときに思ったのは、わがままな人たちにもまず話を聞いてみようということです。それから、わがままだっていわれている子たちは、「なにもしゃべらない」といってすねないで、自分の考えをみんなに話してもいいんじゃないかということです。そうすると、新しい発見をしたり、自分の意見を考え直したりするチャンスにもなる。

　だから**自分と意見のちがう人たちやわがままな人たち、ちょっといやだなと思う人たちの話をよく聞いてみる**と、いいことがたくさんあるような気がします。みなさんも少し相手の気持ちも考えながら理由（わけ）を聞いてみたらどうかな？

　岡崎先生もずーっとわがままでしたけど、その理由をみんなに聞いてもらって、友だちがたくさんできたし、仲よく遊べました。ぜひみんなも自分の気持ちや考えを相手に伝えることをやめないでくださいね。

　じゃあさよなら。バイバイ。

　　　　　　　　授業動画ＵＲＬ　https://japama.jp/okazaki_class_ls2-1/

解説 低-1 〈暮らしと科学〉
「わがまま」はダメ!?

授業動画はこちら →

　ボクは小さいころ「くちごたえをするんじゃない」と祖父母に唇のあたりをつねられました。それ以上は反論しなかったのですが、それは、「一応、おまえのいうことはわかったよ。でもね、大人の都合もあるんだから」というあうんの呼吸だったような気がします。

　祖父母はボクをとてもかわいがってくれていたので、そういうネガティブなことがあっても、きらいになったりはしませんでした。それ以上にかわいがってくれているという暗黙の自信があったからです。

　子どものわがままを許すとか許さないというのは、あまりたいした問題ではないのです。ただ、最近は、子どものわがままに、周囲の子どもたちが非常に批判的になることが多いのです。しかも、「大人・多数の代弁者」に成り下がっているようにボクには思えます。

　この授業では、自分とちがう考えや想いをもっている仲間とどうつきあうかが、社会で生きることの肝(きも)なんだと伝えたかったのです。「あたりまえを疑う」ということは、仲間を具体的に大事にして、課題に対し工夫する貴重な経験になります。

　異論をふくむ自己主張は「わがまま」と誤解されがちです。発言する意欲もそがれることが多いのがいまの社会です。変だと感じても**「わがまま」と決めつけず、まず耳を傾け、みんなで工夫しよう**という原則が重要だと考えます。

　ボク自身も、教員としてもずっと「わがままな奴」という少数派として生きてきました。しかし、少数派であるからこそ、理論的にも精緻にならざるを得ず、精神的にも鍛えられることが多かったのです。

シーズン2　低-2 〈日本語とことば〉
漢字のはじまり！

動画はこちら↑

　こんにちは。今日は漢字の成り立ちを勉強します。書きとりのテストは、いやな人もいるよね。でも、漢字もおもしろいところはあるんです。

神の力をもつもの

　まず、漢字の成り立ちから話すと、5000年ぐらい前に中国で最初の漢字ができます。そのときの漢字は、①線がピピってひいてあるこんなものでした。

①

　昔は、紙もペンもないので、亀の甲羅や人間の骨に書いていました。だから「甲骨文字」といいます。土にうまっていたのをほり出してみたら、赤い絵の具みたいなものがついていましたが、これは占いで使っていたんです。

　昔の王さまの家来には、占いが専門の人がいて、この国をどうやって動かしていくかなど、いろんなことを占いで決めていました。

　たとえば占い師が、亀の甲羅に「1ヶ月」「2ヶ月」「3ヶ月」と書いて、お祈りして火のなかに放ります。そうして「1ヶ月」のところにヒビが入っていると、「1ヶ月後に台風が来るから、作物や稲を早く刈りとりなさい」などと、神さまのお告げとして王さまを通して出すのですね。

　亀の甲羅に書いた漢字が、神聖な神のたましいを表している。だから**文字や言葉は、神の力をもっている**と考えていました。

　漢字は神さまと王さまをつなぐもので、とても神聖ですから、だれでも使えるものではありません。王さまとごく一部のえらい家来だけが使

うことを許されました。つまり、「文字を知っている」ことは、力をもつことになり、人を支配する道具にもなります。

イメージがある

　また**漢字には、自然や人々の様子、暮らしぶりを、物語として入れこんであります**。だから漢字を見ると、イメージがふくらんだり、その当時の人たちの考えや暮らしがよくわかります。

　そして、漢字は、文字の形を見れば意味がわかります。

　日本では、漢字からひらがなやカタカナをつくりました。でもひらがなの「あ」の字から、その意味はわかりませんね。たとえば「あさがお」とつながってはじめて、言葉の意味がわかります。

　でも漢字は、たとえば②「木」という漢字から、森や林に生えている木をイメージできるでしょう？　「火遊びはやめよう」というときの「火」は、たき火のイメージ。これは、「日」とは書かないよね。「日」は太陽からできた字です。漢字には、すべてイメージがあります。

②

読み方は2通り

　それから、漢字には読み方が2通りある。

　ひとつは、中国から伝わった読み方を大事にした**「音読み」**。たとえば「山」という字の「サン」です。山の形を思いうかべると、私たちは「山」の字がなにをさすのかわかりますね。

　そこで、中国では「サン」だけど、日本では「やま」と読むことにしました。これが**「訓読み」**。

　もう少し大きくなると、「音読み」と「訓読み」の区別で漢字を勉強する

ことになると思います。

「人」という字の成り立ち

じゃあ、③「人」という字で考えてみましょう。「人」は、ちょっとうつむいた形をしています。なぜかというと、漢字は、人間の王さまと神さまをつなげるもの。その王さまや神さまにむかって、自然に**「頭を下げておじぎしなさい」**という意味です。頭と手、かたむいた胴体と足、この絵が「人」という漢字になりました。

昔テレビで「『人』という字は、2人の人が支えあっていることを表すから、人間は支えあって生きなきゃいけない」という人がいましたが、漢字の成り立ちからいえば、まちがい。考え方は自由だけどね。

いろいろな字の一部に

「人」という字がもとになって、いろいろな字ができました。たとえば、「**大**」。「大きい、堂々と立っている」という意味です。それから「**立**」。これは、「地面にしっかり足をつけて立派に立っている」という意味。

このふたつの字には両方とも「立派」という意味があるけど、「立」は、うつむいていない。役人のようにちょっと立派な人たちをさします。

こうやって、「人」も変化していく。それから、④さらに変化したものを見ていくと、「**兄**」という字があります。兄の上の「口」は、口の形からできたと思っている人がいて、まちが

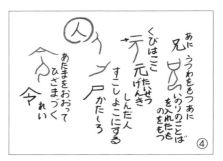

2 漢字のはじまり！　17

いではないんだけど、元々は「お祈りを書いた紙を入れる器」の意味です。書いたものを神さまの前で読みあげるので、「口」が出てくる。

それで、その器を持った人がひざまずいています。これはお祭りや儀式(ぎしき)のときにとても大事な役目で、長男がやります。男の子の兄弟でもいちばん上。だから、これを「兄」と読むようになりました。

そして、元気の「元」。首のところが強調してあります。首は、人間とってすごく大事ですから「大事なところ」という意味があります。

それから、「尸」(かたしろ)。横になっているけれど、これは死んだ人を表します。死んだ人に関係のある言葉に使われることが多い。

令和の「令」。これはひざまずいて、頭をおおっています。命令されたことをちゃんと聞く人の絵です。

これはどんな漢字になった？

じゃあ最後にクイズです。⑤この字はどんな漢字ですか。赤ちゃんだから……子どもの「子」。次に、⑥これは、どう？ 交差点の十字路、四つ角。……「行」ですね。最後に、⑦これは？ へびじゃないよ。……「虫」だね。

これは、絵が漢字になっているけれど、たとえば「上」や「下」という字は記号が漢字になりました。いろいろあるね。

このように、**漢字にはひとつひとつにイメージ、物語があります**。これから漢字を見たら、「ぼくはこういうふうに成り立ったんだよ」という漢字の声を聞いてみてください。

はい、今日はここまでにします。さよなら。

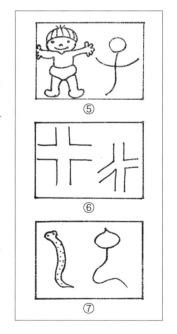

授業動画URL https://japama.jp/okazaki_class_ls2-2/

解説

低-2 〈日本語とことば〉
漢字のはじまり！

授業動画はこちら→

　漢字の書きとりテストは、漢字が書けるかということより、どれだけがんばって練習したかという「忍耐力」のテストになっているような気がします。当然ですが、テスト後は忘れてしまうことも多く、テストで追い立てるのもむなしいものなのです。

　ボクは、漢字テストでは、「はね、はらい、とめ」などけっこうアバウトに採点していましたが、そこにこだわる先生や保護者もかなりいます。**文科省も漢字の書き方についてはあまり細かく指導することはしなくていいといっている**のですが、教員たちはいうことを聞いてくれません。そもそも教科書の漢字が、「教科書字体」という特殊な字体なのに。

　漢字はやはり、成り立ちがおもしろいです。今回は**「白川漢字学」**と呼ばれる白川静（しらかわしずか）先生の研究をもとにまとめてみましたが、正直、どれくらいの教員が白川静を知っているでしょうか？

　白川漢字学はとてつもない体系をつくりあげており、そこには人間の文字に対する歴史と生活の肉声が組みこまれています。

　以前は漢字の権威といえば藤堂明保（とうどうあきやす）博士でした。今回は藤堂明保博士の考えも否定せず、口という漢字も白川・藤堂、両先生の話を入れました。小学校で使う漢和辞典のほとんどが藤堂漢和辞典です。

　最近は、全国の小学校でも白川漢字学の成果をとりいれているところがあります。**漢字は歴史、経済、政治などいろいろな意味で、人間の社会のありようを象徴しています**。多様で深遠な漢字に少しでも子どもたちが興味をもってくれたらと思います。

参考文献：白川静『文字講話1〜4』(平凡社、2003)

2　漢字のはじまり！　19

低-3 〈数と形の世界〉
たしざん・くりあがり

動画はこちら↑

　こんにちは。今日は足し算のくりあがりを勉強します。

いろいろな足し算

　最初に、足し算にはいろいろタイプがあります。文章の問題は、文章をよく読むことも大事だけど、いろんなタイプがあることを知っていると、意外とよくわかります。

　まず**「あわせる足し算」**。「右手に3個、左手に4個持っていて、あわせると何個？……7個」というとき。あわせるんですね。

　それから**「増える足し算」**。「公園で3人遊んでいました。そこへ2人やってきました」。これは「3＋2＝5」だよね。

　次に**「くらべる足し算」**。「弟が色紙を5枚もっています。兄は3枚多いです。兄は何枚もっていますか」。弟の5枚に3枚を足して、8枚。

　「太っていく足し算」もあるよ。「去年体重が25kgでした。今年3kg増えました。何kgになったかな？」。これは、25kgに3kgを足して28kg。

　それから**「順序と集合の足し算」**。おはじきをならべました。「私は前から3番めにいました。私のうしろには4人います。あわせて何人？」。

　おはじきで数えるよ。前は1、2、3で、3人。うしろに4人。あわせて7人。おはじきを数えたり図で描くと簡単なんだけど、「何番め」（順序）と「うしろが何人」（集合）がいっしょになっていると難しいね。

　最後に**「逆さま足し算」**。これは、タイムマシーンみたいに前にもどる。「3枚使ったら、2枚残りました。最初に何枚あった？」。「3＋2＝5」だね。

5枚あったら、3枚使って2枚残るよね。

計算してみよう

じゃあ、足し算をやってみましょう。たとえば「7＋8」。**足し算は筆算でやるのが、いちばんわかりやすい**と思います。横書きを筆算に直すときは、前の数字を上、うしろの数字を下に書きますよ。

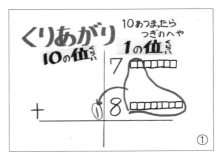

まず一の位の「7」と「8」を足します。「8」に「2」をあげてもいいし、「7」に「3」をあげてもいいです。とにかく「10」にしましょう。

「10」になったら、十進数で、十の位に引っ越さなきゃいけないね。十の位に引っ越す「1」は、①赤ペンで囲むとわかりやすいよ。この「1」は、教科書ではたいてい、十の位の数字を書く位置の上に書いてあるよね。それでもかまいませんが、岡崎先生は、くりあがってきた「1」がわかりやすいように十の位の数字の下に書いて、赤ペンで囲みます。こうやって最初は、ちゃんとしるしをつけることが大事ですよ。

引っ越した残りは「5」だから、一の位は、「5」。十の位は、引っ越してきた「1」があるだけだから、「1」。答えは「15」です。

こんな覚え方はどう？

②こんなふうに覚えたらどう？
一の位から足して、「**10になったら引っ越しだ**」。「10」になったら、十の位に「1」がいくんだよね。**「引っ越した1をわすれるな。あわせて足すぞ、ハイハイハイ」**。十の位を全部足

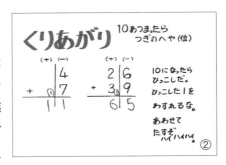

3 たしざん・くりあがり　21

す。そうしたら、答えが出ます。

「10の合成分解」の練習方法

　くりあがりやくりさがりで大事なのは、③「10の合成分解」、10をあわせたり分けたりすること。

　こんな「**さくらんぼ**」、やったことある？「10」を、「4」となにに分けますか？……「6」だよね。

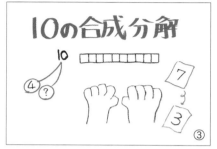
③

　これは、指を使ってやればいいんだよ。先生のなかには、指を使っちゃダメっていう人がいますが、なんでダメなのかわからないね。はずかしいことじゃないですから、机の上で堂々とやってください。だんだん指を使わずできるようになるからね。

　次に「**タイル**」。タイルを「10」書いて、いくつかかくします。「3」見えているとき、かくれているのは、「7」だね。これは自分で練習できるよ。

　次は、**10個のものを両手に分けて持っておきます**。片方に3個あったら、もう片方にあるのはいくつ？　これなら友だち同士でもできるね。

　岡崎先生がよく使うのは「**カード**」です。ここに「6」と書いたカードがありますが、裏の数字はなんでしょう？　裏返すと、「4」。これは、表と裏の数字をあわせると「10」になるんですね。カードは自分で作ってもいいし、お家の人に作ってもらってもいいよ。

　それから「**帯**」です。④上の帯は「10」。下の左の帯が「6」です。すると、下の右の帯はいくつ？　そう、

④

22　シーズン2　低学年

「4」だよね。上の帯が全体で、下が部分。この方法は、高学年になっても使えるのでおすすめです。

大切なこと

それから、計算の仕方について話しておくね。

学校の先生は、よく「早く正確に」っていうでしょ。でもやっぱり、**「早く」より「ていねいに」やってほしい**な。早く書く人は、字はぐちゃぐちゃだし、「まちがっていても、まあいいや」となりがちです。

大人になったら、計算するとき電卓を使うよね。みんなは機械を上手に使えるようになるから、早くできなくても大丈夫です。

それよりも、友だちに計算のしかたが説明できるといいな。なぜかというと、計算のしくみがわかるのは人間だけで、電卓はわかりません。でも、人間は頭のなかでいろいろ組みあわせて考えられます。

では、ノートに書くとき、大事なことです。

まず線を書きましょう。そのとき、もちろん定規を使ってもいいんだけど、慣れてきたらノートのマス目（点線）をうまくなぞって書けるようにしてほしいと思います。それから、数字は読みやすくしてください。

あと、「たくさん」よりも「確実」。20個やってまちがいがたくさんあるよりも、3個やって、みんなあっていたほうがいいと思う。1枚の紙に1問だけやるのでもいいよ。それをていねいに、毎日少しずつやる。

ドリルでくり返すのもいいんだけど、問題がいっぱいあると、いやになるじゃん。だから半ページだけとか、1問おきに解くとかでもいい。

大事なことは、「楽しいから」できるようになるということ。「できるから」楽しくなるんじゃないんだよ。だから、やる気が出るようにしてほしいと思います。スタートは、「楽しいこと」と「やる気が出ること」です。ゴールは「できること」かもしれない。じゃあ今日はここまで。さようなら。

授業動画URL　https://japama.jp/okazaki_class_ls2-3/

解説

低-3〈数と形の世界〉
たしざん・くりあがり

授業動画はこちら ←

　計算はくりあがりを始めるときに、**横書きと筆算を同時進行したほうがいい**と思います（教科書どおりではないかもしれませんが）。とくに、初歩の計算は位取り（一の位、十の位、百の位……）をはっきりさせないと、今回のようなくりあがりのしくみをわかってもらえません。

　学校では、最初から横書きで暗算が始まります。これは力業だと思います。「とにかく『6＋7は13』って覚えろ！」です。もちろん、理屈としては、くりあがりもおはじきや数え棒などを使って具体的に「とりあえず」の説明をしていますが。急いで進めている感じです。

　ボクは「ゆっくりていねいに」を優先しています。現代は、じっくり考えることが無駄なことのように思われています。私たちは「時間どろぼう」（M・エンデ『モモ』、大島かおり訳、岩波書店、1976より）の手先になるのではなく、彼らと闘わねばなりません。

　ボクはずっとタイルを使ってきました。一の位では、「1個、2個」、十になると「1本、2本」、百になると「1枚、2枚」とそれぞれ「まとまり」として数えます。さらに「1個」は10個集めれば「十」の「1本」に、「1本」は10本で「百」の「1枚」になります※1。

　十進法が構造としてわかるのです。つまり、構造というのは十進法の位取りのことですが、それが視覚的にも量的にも理解がすすみます。

　指を使うことをボクは奨励します。持ち運びできる算数の教具ですからね。これを駆使しないでどうするんだ！　と思います。足の指も使えますよ。短時間集中のくり返しで学びましょう。

参考文献：遠山啓『算数はこわくない──おかあさんのための水道方式入門』（日本図書センター、2013）

※1　『小学生の授業　シーズン1』（小社刊）より「低学年5　すうじのはなし──位のへやとゼロ」（30ページ）参照。授業動画は右のQRコードよりご覧いただけます。

動画はこちら↑

シーズン2　低-4　〈数と形の世界〉
ひきざん・くりさがり

みなさん、こんにちは。今日は引き算のくりさがりをやります。

いろいろな引き算

足し算もそうでしたが、引き算も、いろいろな種類があります。

ひとつは**「減る引き算」**。5個のメロンパンを2つ食べたら、残りは？「5－2」だね。減っていくときに使う引き算。

そして**「くらべる引き算」**。2つのものをくらべるとき。たとえば「兄が100円、弟が80円もっています。どちらがどれだけ多いでしょう、少ないでしょう」というとき。100円－20円で80円だね。

これは、答えの書き方が大事です。「どちらが」と聞いているから、「兄が20円多い」「弟が20円少ない」というふうに書きましょう。

もうひとつ、これははじめてかもしれませんが、生活のなかではいつもやっていて、**「相手の引き算」**といいます。

「赤と青の花があわせて16本あります。赤い花が7本あると、青い花は何本ですか」。「全体」から「部分」をひくと、残りの「部分」が出てくる。赤だったら青、青だったら赤という「相手」を出す引き算です。

このように引き算もいろいろある。どんな問題か頭でイメージせずにパパッと式を書いちゃうと、まちがったり考え方を迷ってしまいます。

こんな問題、解ける？

たとえば、①こんな問題はどうだろう？　「①犬3びきと馬3頭あわせて

（何びきですか、何頭ですか）？」。犬と馬は足せないから、できません。でも「犬と馬、動物は何びきいますか、何頭いますか」ならできるね。ただ単位※1が難しい。答えは「6ぴき」か「6頭」か。「単位が書けません」と書いておいてもいいね。

では「②犬3びきとねこ2ひきあわせて？」。これも犬とねこだけど「動物は、ペットは何びきですか」だったら、足せる。単位は同じだね。

「③（A）バットが5本あります。えんぴつ2本をとったら何本のこる？」。これはできないよね。バットとえんぴつは関係ありません。

でも同じような問題で、これは？「③（B）バットが5本あります。えんぴつが2本ある。どちらが何本多い？」。さっきの「くらべる引き算」だよ。「何本」という単位の「本」に注目しているから、これはできそうでしょ？「5本」対「2本」だから、「3本バットが多い」。

文章の問題を解くのはとても難しいんですよね。**だからよく読まないといけない。それから、意味がわかってないといけない。**

学校で習うやり方

じゃあいよいよ、くりさがりの計算をやっていきます。まず、みんなが学校で習ったやり方から。②「37－19」は……まず一の位、「7」から「9」はひけませんから、十の位からもらってきましょう。

上からひけないとき、「9－7」と下からひくのはやめてね。

十の位から「10」もらってくるか

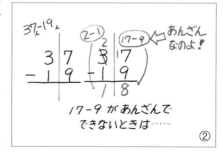

ら、一の位に「1」って書くよ。十の位は「10」あげたから「3」を「2」にする。

一の位は、「17－9」をやります。それで「8」。ここが難しいね。「17－9」は暗算、頭のなかでやらなければいけないでしょ？ これを、あとからもうちょっと簡単にします。十の位は「2－1＝1」なので、この引き算の答えは「18」。

この方法がおすすめ！

ここで難しいのが、「17－9」の暗算だよね。得意な人はそれでいいですよ。この方法でOKです。

だけど、簡単にできない人もいるでしょ？ その場合の③おすすめの方法は、「はじめに10－9をやってしまう」ということ。つまり、一の位の「7－9」はやれないので、十の位からもらってくるよね。**そのもらってきた「10」からさきに、一の位の下の数字、「9」をひいてしまう。**「10－9」って簡単、「1」でしょ？

足し算のとき※2に「10の合成と分解」の話をしたね。「10」にするために、「3」と「7」、「5」と「5」とかを組みあわせるでしょ。それを練習しておくと簡単にできます。

それで答えが出た「1」と、最初からある「7」とをあわせて答えは「8」。めんどうだけど、赤えんぴつで囲っておくとまちがえないよ。これで「17－9」みたいな難しい暗算をしないですむでしょ？

……さあ、くりさがりはこんな覚え方でどうかな？ 「**上から下がひけないときは、前から10をもらってひこう。のこりどうしてあわせてこたえ、ホイホイホイ**」。

今日は、くりさがりのやり方をふたつやりました。これはどっちでもいいと思います。でもちょっと難しいと思ったら、岡崎先生は、あとの

方法をすすめます。まちがいも少ないので。

「200－29」なら？

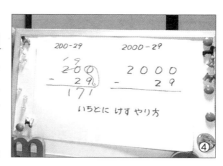

　じゃあ最後に、④みんながよく困る問題をやりましょう。たとえば、「200－29」。一の位がひけないとき、前の数字から「10」もらってくるけど、十の位も「0」だよね。

　そういうとき、十の位と百の位の数字を1つずつ消して、もらってくるやり方があるけど、いっぺんに消すやり方もある。十の位と百の位をいっぺんに消して、「20」から「1」をひく。「1」少ない数字にするんだね。「20－1」で「19」です。

　一の位は、もらってきた「10」から「9」をひいて「1」、それを最初からある「0」とあわせると「1」。十の位は「9」だからひけるじゃん。「9－2＝7」。百の位は「1－0＝1」で、答えは「171」。こうやって、**十の位と百の位をいっぺんに消しちゃうんだよ。**

　あわてないで「ゆっくりていねいに」やろうよ。「早く正確に」もいいんだけど、問題の意味を考えながら、10個あったら、1つか2つはゆっくり、ていねいな字でやってみて。はい、今日はここまで。さよなら。

　　　　　　　　　　　授業動画URL　https://japama.jp/okazaki_class_ls2-4/

※1　より正確にいえば、「単位」でなく「助数詞」。「シーズン3・高学年1『単位量』の基本」(本書120ページ) 参照。授業動画は右のQRコードよりご覧いただけます。

※2　「シーズン2・低学年3　たしざん・くりあがり」(本書20ページ) 参照。授業動画は右のQRコードよりご覧いただけます。

低-4 〈数と形の世界〉
ひきざん・くりさがり

解説

授業動画はこちら→

　低学年の算数の最初のヤマは「くりあがりとくりさがり」といわれています。ひけないときに、前の位から「かりてくる」「もらってくる」のです。

　学校では、くりさがりが横書きの「12-7」というかたちから始まり、位取りをほとんど意識せず、どうしても「暗算」的になるので、子どもたちのハードルは高くなります。それよりも、最初からもらってくる前の位を意識できる筆算にして、くりさがりを教えたほうがよいと思います。

　「10の合成分解」を利用して、まず10から減じてから、前にあった残った数と加算していく方法（減加法）がわかりやすいと思っています。それに、これは、十の位、百の位に発展しても使えるのです。

　教科書でも減加法が主流です。ただし、減加法も筆算を早く導入すれば、もっとわかりやすくなると思うのですが。

　しかしながら、「正しい方法」がひとつしかないワケではありません。子どもたちの頭のなかで整合性がとれていればいいわけです。ですから、ひとつの説明でウケなければ、つまりしっくりこなければ、もうひとつちがう方法を提示してみることでいいのです。**教える側が、「この方法しかない」とか「これがいちばんわかりやすいはずだ」とかたくなになることがいちばん問題**だと思います。

　テストなどで、〇か×かなどというところばかりを気にしている教員や保護者、そして子どもたちが目立ちます。ボクは**「思考過程」や「どうしてそう思うのか」**を明らかにして**「考えあうことが算数では大切なのですよ」**と伝えるようにしています。

　頂上へ登る道は無駄をふくめていろいろあったほうがいいのです。

シーズン2 低-5 〈暮らしと科学〉

おばけのねがい

動画はこちら↑

　みなさん、こんにちは。おばけって好きですか。おばけは、1人ずつ1個ずつみんなちがっているからおもしろい。今日はおばけの話です。

妖怪・おばけ・ゆうれい

　「妖怪（ようかい）」「おばけ」「ゆうれい」と似た言葉があるよね。

　「ゆうれい」というのは、死んだ人間があの世から帰ってきたり、死んだんだけど、天国へも地獄（じごく）へも行けなくて、たましいだけがこの世界でうろうろしているもの。人にうらみをもっていて、人をおどかしたりすることもあります。人間が元になっているんですね。

　「おばけ」は物や動物です。「おばけ」と「ゆうれい」をあわせて、「妖怪」といいます。きっちりと分けることはできないんだけど、研究者は、そう分けることが多いですね。今日は「おばけ」について話します。

いつ、どこに出る？

　まず、①いつ、どこに出るんでしょう。どこに出るかというと、だいたい「暗い」ところ、夜だな。場所としては「古い家」も多い。それから「うしろ」。みんなの背中のところにいるよね？……いないか（笑）。

　そして「さみしい」ところ。あと、

「かべに囲まれている」。トイレやせまい部屋や病院。個室ですね。

いつ出るかというと、ゆうれいの場合は、夕方から夜、夜のおそい時間も多いですが、おばけの場合は、「夜」が多いけど、「昼」も出ます。昼もさみしいところはあるからね。

あと、「不安」になったとき。心配ごとやいやなことで、落ちこんだときは、はげますために出てくれるかもしれない。そして「1人のとき」。

また、「昔のことを考えているとき」に出ることがあります。「もっと勉強しておけば、テストの点がもうちょっとよかったのになぁ」とか、昔のことを反省したり悔やんだりするときに出る。

どんな特徴？

②日本のおばけの特徴があります。ゆうれいは人をおどかすことがあるけれど、おばけはちがうんだよ。

まず、**人を守ってくれます**。困ったときには助けてくれる。そして、**なににでもたましいが宿ります**。物

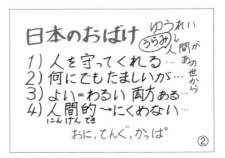

や動物のおばけというのは、その物や動物にたましいが入っているということです。

また、おばけは**いい・悪いが決まっていません**。悪いおばけもいいことをするし、いいおばけもいたずらをする。**人間的で、憎めない**。

たとえば『ゲゲゲの鬼太郎』(水木しげる)にも出てくる「一反木綿」や「ぬりかべ」は物、「ねこむすめ」はねこですが、物や動物にたましいが宿って、いたずらしたり人を助けたりしますね。

みんながよく知っている「おに」も、じつはおばけの仲間です。そして「てんぐ」。深い森に住んでいて、空を飛ぶこともできます。よくあるてんぐは、鼻の長いてんぐ。おばけだけど、神さまに近いですね。

5 おばけのねがい　31

それから「かっぱ」。川に住んでいてキュウリが好きで、いたずらをして泳いでいる人の足をひっぱったりするといわれています。

③いろんなおばけの絵を描きました。傘の「からかさおばけ」、ちょうちんの「ちょうちんおばけ」。これは「物」のおばけだね。

あと先生が考えた「えんぴつおばけ」「ノートおばけ」。これは本で調べたけれど、出てきませんでした。でも「お皿おばけ」「箸おばけ」「おわんおばけ」は、昔のおばけの絵に出てきます。

物にたましいが宿る

さて、なんで「物」がおばけになるんでしょうか。たとえば、「箸」。みなさん、家にはたいてい自分専用の箸があるでしょ？ おわんやお茶わんや湯のみも自分用のあるんじゃない？

自分用の箸や茶わんがあるのは、たぶん日本だけじゃないかな。箸を使うところ自体が少ないけど、箸を使う朝鮮半島や中国にも、自分用の箸はありません。だいたい適当に分けて使っています。

日本では、箸がすごく大事にされるのはなぜか。これが、さっきいったように、おばけだからですね。

長く使っていると、たとえば岡崎先生の箸には、岡崎先生のたましいが移ります。自分用の箸があると、とても大事にするでしょ？ 先生のやさしい気持ちが入っていきます。そうすると、箸は先生の「分身」のようになって、恩返しをしたりする。そんなふうに、おばけになるんだね。

箸置きというのがありますね。これも、自分の箸置きが決まっている家がたくさんあります。箸の先がよごれないためにおくんですが、箸の

「まくら」の意味もある。まるで人間みたいに、大事にしているでしょ？

　　日本のおばけは、使っている人が大事にしたたましいが、おわんや皿の
なかにしみついていくと考える。「宿る」といいます。だから夜になって暴
れだしたり遊んだりして、おばけと呼ばれます。

　　日本では昔から、箸やお茶わんなどの捨て方に気をつけましょうとい
います。大事な箸も、よごれたりすると替えるでしょ？　そういうとき
には、神社やお寺でお参りしてもらって、燃やしてもらう文化や伝統が
ありました。いまはたいてい、ゴミで捨ててしまいますね。

　　お葬式などでも、お棺が入った霊柩車が家を出るとき、茶わんをパリ
ンと割ったりします。その茶わんは、亡くなった人のものではないんだ
けど、そのつもりですね。茶わんにあるたましいを割って、「あの世へ
行って、もうもどって来なくていいですよ」という合図を送ります。

　　割り箸を使ったあと、折る文化もあります。これは、箸をほかの人が
使わないように折って、折ることで箸のたましいを自由にしてあげる。
「もう人に仕えなくていいですよ」という意味もこめられています。

「付喪神」とは

　　物にたましいが宿ると、おばけに
なる。それを④「付喪神」といいます。
100年たつと、物にたましいが宿る。
「100年」というのは「長いあいだ」と
いう意味ですね。

　　付喪神は、「使う人のために、一生

つくも神　100年たつと　たましいが　やどる
くらしの中で使うものがおばけになる。
※せっかくきみの役にたったのにどうしてへいきですてちゃうの※　④

懸命仕えたのに、なんでそんなに、そまつにするんだ」といって、おばけ
になって出てくるんだといわれています。**物を大事にしようという気持**
ちから生まれたおばけなんだね。じゃあ、今日はここまで。さよなら。

　　　　　　　授業動画URL　　https://japama.jp/okazaki_class_ls2-5/

5　おばけのねがい　　33

解説

低-5 〈暮らしと科学〉
おばけのねがい

授業動画はこちら→

　おばけの話はとてもおもしろいのです。ちょっとこわいけど、ドキドキします。見てみたい、聞いてみたいものです。最近は、**過剰に心理学主義的でリスク回避の態度が社会にある**ので、「こわいものはトラウマをつくる」というわかったような軽薄な思いこみで、おばけや妖怪話を忌諱(き)する教員や保護者が目立ちます。

　でも、こわいことや危険なことは魅力的なのです。ちょっとオーバーにいえば、**そこから想像力が育ち、創造性が生まれます**。二重三重にセーフティネットを分厚くするような子育てにボクは同意できません。

　「傘おばけ」「一つ目小僧」「おばけちょうちん」など古くからのおばけも、「一反木綿」「ぬりかべ」「子泣き爺」など漫画の『ゲゲゲの鬼太郎』によって現代化されたものまで、子どもたちに親しまれてきたおばけや妖怪はたくさんあります。

　さて、今回の付喪神(つくもがみ)はおばけの代表格です。擬人化された動物や器物などは昔話にも出てきます。「さるかに話」の臼、栗、蜂、牛糞などは、これもおばけなのです。「舌切り雀」のつづらにもおばけが入っています。昔話はおばけの存在ぬきでは成立しません。

　縦横無尽に活躍することで**私たちの鬱屈した気持ちを解放してくれたり、教訓を暗示し、反省をそれとなく促してくれたりする**のです。

　ちなみに「ゆうれい」も奥が深く、岡崎的には「ゆうれいは愛と恋」というテーマで語るのがいちばんいいと思います。もう少し大きくなったら子どもたちに話してみたいのですが……。

参考文献：小松和彦『百鬼夜行絵巻の謎』（集英社新書ビジュアル版、2008）

シーズン 2

中学年の授業

中-1 〈数と形の世界〉
コンパスと円

動画はこちら↑

　みなさん、こんにちは。今日は「円」の勉強をします。コンパスの使い方もやるから、うまく描けない人は見てくださいね。

「円」ってなに？

　まず、「円」ってなんですか。線でひいた丸い枠と、円盤みたいになっているの、どっちが円？

　これじつは、算数や数学の専門家たちが、どちらも「円」と決めています。算数は最初の約束が大事だから、それをきちんと決めてから始めましょうということです。

　それからもうひとつ。円って、なにでできている？

　①この絵は、まんなかでたき火をやっています。高学年になると野外学習といって、とまりがけで勉強しにいくよね。そのとき、夜はキャンプファイヤーといって、みんなで火を囲んでいろいろなことをやります。そのキャンプファイヤーを

ちょっと思いうかべてください。いちばん中心の火が燃えている場所、ここが「円の中心」です。

　この中心から同じ距離でみんなが座ります。小さい点が人です。この人たちが手をつなぐと円になります。だから**「中心から同じ距離の点が集**

まったもの」が「円」というふうに考えます。

　それから、「円」という字。②昔の字はこれです。この下の部分はコンロで、昔、神さまへのおそなえをつくるときに使いました。その上に乗っているのが皿や器で、それが漢字になっています。どんどん直して書きやすくしたのが、いまのこの「円」という字です。

「直径」と「半径」

　それからコンパスで円を描くときには③次の言葉を使います。

　まず「中心」。さっきのキャンプファイヤーの火が燃えているところ。

　この中心を通るまっすぐな直線を「直径」といいます。直径は何本もひけます。何本ぐらいひけると思う？線は見えないっていう話をしたけど※1、見えない線だったら無限だよ

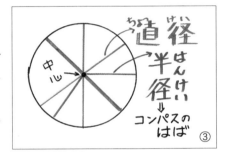

ね。見える線をたとえばだいだい色でひくとしたら、円のなか全部がだいだい色になっちゃうね。

　それから「半径」。これは直径の半分です。

　このように、「直径」と「半径」があって、コンパスの幅は半径の幅になります。だから「半径5cm」といったら、コンパスの幅も5cmです。

　だけど、「直径」には注意。「直径10cm」といったときに、コンパスの幅を10cmにしちゃうと、めちゃくちゃ大きくなってしまう。「直径10cm」といったら、半径はその半分の5cmです。

　じつはコンパスは、もともと「方角を示す磁石」のことです。だけどいまは、みんなが使っている「円を描く道具」もコンパスといいます。それから、歩く「歩幅」のこともコンパスといい、「いっしょに歩こう」という

1　コンパスと円　　37

意味があります。

コンパスの使い方

いまからコンパスの使い方を実際にやってみます。

まず針と芯をだいたい同じ長さであわせてください。えんぴつは、うすいと目立たないので、2Bとか濃いほうがいいです。

それからネジはグラグラしないように、しっかりしめておいたほうがいいね。あまりきつすぎると動かなくなるので注意。

今日は半径5cmの円を描いてみよう。5cmを測るのに、ものさしを使うとちょっとたいへんだね。④算数の方眼ノートは最初から1cm刻みになっているから、これで測ってもいいです。

最初に中心を決めて、えんぴつなどで点を打っておくといいね。

そこへ針をさします。軽くでいい。下に下じきとかかたいものがあるとダメだから、ちょっとどかしてね。

描くときは、⑤手前、自分に近いところから描きはじめます。手首をぐっとひねって、ぐるぐるぐるっと描きます。

左利きの人はやりやすいように工夫してください。

それから大事なことがひとつ。描いた線がうすいからといってえんぴつのほうに力を入れると、針が浮いてしまう。逆に針のほうに力を入れると、えんぴつに力が入らなくなってうすくなってしまう。

だから円を描くときは、⑥コンパスの持つところでも円を描いてください。持つところも手前から、ぐーっと円を描く。すると、だいたい針とえんぴつの両方に力がいくよ。

たくさん円を描いて遊ぶといいね。大きい円、小さい円、いろいろな円だけで絵を描く。たとえば人間の顔だったら、目のまるいのと、鼻のまるいのと、鼻はぶたみたいに2つの円でもいい。いろいろできますね。

パーフェクトな形！

それでは最後に、「円はすごい」というお話をします。なにがすごいのか？ 円は図形のなかで、パーフェクトの形だからです。

ひとつは、**直径で折るとみんな同じ形になる**。この直径で折るとどうなる？ そう、半月になるね。はみ出ないで重なる。ちがう直径で折っても、ちゃんと重なるね。どの直径で折っても半月になる。それがすごい。

それから、**直径も半径も無限にある**。

それから、もうひとつ。**転がしても同じ形になる**。たとえば、定規の上を転がっていくとき、三角型だと角が上になったり下になったりして形が変わるでしょ？ でも円はどう？ 転がしても上も下も関係なく、いつも丸だよね。これすごいでしょ？

円というのは身のまわりにいっぱいあるから、みんなもちょっと探してみてほしいと思います。じゃあ、また今度。バイビー。

授業動画URL　https://japama.jp/okazaki_class_ms2-1/

※1　『小学生の授業　シーズン1』（小社刊）より、「中学年1　あるけど、ない！　線・点・ゼロ」（36ページ）参照。授業動画は右のQRコードよりご覧いただけます。

1　コンパスと円　　39

解説

中-1 〈数と形の世界〉
コンパスと円

授業動画はこちら →

　コンパスの使い方は、**時間をかけて手取り足取りで教えるべき**だとボクは思っています。くり返し、失敗をしながら丁寧に円が描けるようにしたほうがいいと思います。

　ただ、**こうした練習は長時間は禁物**です。15分程度を毎日あるいは、1日2日おきくらいで練習するとよいと思います。

　コンパスは、くり返しの使用に耐えるものを買ってほしいと思います。えんぴつ型でもシャープペンシル型でもよいのです。

　ただし、えんぴつはあまりとがらせないことです。すべての「書く」という作業に通じますが、先の細い芯はすぐに折れます。コンパスは力の配分が難しいので、よけいに折れやすいです。しかも、最初は円周がうすくしか描けません。でも、それでいいのです。最初はうすくてもかまいません。要領がわかれば、濃く描けるようになります。

　円は「直径・半径・中心」という「算数用語」とでもいうような、聞き慣れない言葉が頻出します。さらに、この授業ではとりあげませんでしたが、「円周、弦」などという言葉もいずれ出てきます。**勉強部屋や教室には大きく描いて壁などに貼っておくのがよい**のです。

　これもここではとりあげませんでしたが、**ひもやテープを半径にして円を描いてみるのもいい**し、それをはさみで切り取って、何枚か重ねてのりで貼りあわせ、中心に爪楊枝をさした**コマを作って遊んでもいい**と思います。**ビュンビュンごまもいい**でしょう。

　円はほんとうにおもしろい形です。コンパスを遊び道具にしていろいろと工夫してみたらどうでしょうか。

参考文献：『Newton 2009年12月号　特集：円、球、そしてπ』(ニュートンプレス)

シーズン2 中-2 〈いのちとからだ〉
地獄と天国…ほんとにあるの？

動画はこちら↑

　みなさんこんにちは。今日は「地獄と天国」「あの世とこの世」という話をしたいと思います。でも、そんなにこわいで話はありませんよ。

地獄はこんなところ!?

　みんな地獄と天国の話は聞いたことがあるかな？　地獄にいるのは「閻魔さま」。だれも見てきたことがないですが、想像ではこんな感じです。

　これは『地獄』(宮次男監修、風濤社、1980)という絵本の閻魔さまですが、まっ赤っ赤のおにのような顔をしていますね。生きているとき悪いことをした人には、罰をあたえます。

　あるとき、おばあさんが閻魔さまの前に来て、「私は、お寺にお祈りや寄付をして、毎日お墓参りもしていたのに、なんで地獄へ送られるんですか」と聞きました。そこで、人間が生きているときにやった悪いことがみんな書いてある「閻魔帳」を見たら、おばあさんは悪いことをいっぱいやっていた。それで、おばあさんは地獄に落ちたということです。

　地獄へはだれも行ったことがないけれど、昔のいろんな本に書いてあります。『往生要集』もそのひとつで、源信さんというお坊さんが漢字ばかりで書いた本です。①こんなふうに書いてあります。

　うそをついたり、人をひどい目に

2　地獄と天国…ほんとにあるの？　　41

あわせたり、ものをぬすんだり、つらいことやいやなことをほかの人にやったり、やらなきゃいけないことから逃げる。そういうことをしていると、地獄に落ちる。地獄には、8個ぐらい種類があるそうです。

たとえば、亡くなって地獄へ行くときにわたる「三途の川」。その川は船で行くとか、棒がわたしてあってそれをつたっていくとかいわれます。川に落ちたときのために、死んでから泳ぐ力がいるかな（笑）。

それから、「針の山」を8000年登らなきゃいけない。筋肉もいるよね。考えただけで痛いでしょ。そして、崖から2000年「落ちる」。2000年も落ちつづけていると、落ちているかどうかもわからないかもしれないね。

でも、ここが大事なんだけど、死なないんですよ。もう地獄で死んでいるから、それをくり返しやるだけ。死んだとしても、風がふーっと吹くと、また生き返って次の罰へ行く。考えただけでもいやになるね。

どうして地獄はつくられたか？

そんな地獄は、実際にはありません。でも大事なのは、なんで人間はこんなことを考えたかということです。それをみんなに考えてほしい。

結局これは、生きているあいだ、**毎日の暮らしで正しく、立派に、人にやさしく、よいおこないをいっぱいしよう**ということです。

悪いことをして「そんなことをやったら地獄へ行くよ」といわれると、「まずいまずい、こんなことをやっていちゃだめだ」という気持ちになるでしょう？ そして、自分を大事にして、自分の心や体をきれいにして生きていこうという気持ちになれるでしょう？

昔の人たちは、そのために、心のなかや頭のなかに、自分で地獄をつくったんです。

「トイレの花子さん」

妖怪やおばけの世界もそうだね。②「トイレの花子さん」を知っていま

42　シーズン2　中学年

すか。「学校の怪談」、学校に出るおばけの話。岡崎先生は、そんなおばけは絶対出ないと思っています。

でもさっきの地獄と同じように、なんでこんなことを人間は考えるかと思うと、おもしろい。でも、きらいな人はすごくきらい。

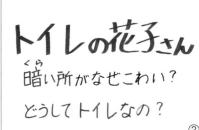

なぜいやかというと、トイレで1人になると、ちょっと不安でしょ？そして暗いのが好きな人はあんまりいない。暗いところでは、人間が動物として生きていると危険があるからです。物につまずいたり、あんまりないかもしれないけど、うしろから棒でなぐられたりするかもしれない。

あの世とこの世の境目で

トイレは、昔からとても大事な場所です。トイレをそまつにする家はほろびるといわれていました。

トイレは、あの世とこの世のあいだ、境目です。トイレに流すうんちやおしっこは、きたないと思っている人がいるかもしれないけど、自分の体から出てきた、「分身」みたいなものでしょ？

そのおしっこやうんちがトイレに流れていく向こうを、昔の人はあの世だと考えていたんです。トイレのこっち側がいまの世の中。そこで「トイレの花子さん」が出てくるわけです。

「トイレをきれいにしましょう」というのは、自分の分身に、あの世で幸せに暮らしてねという気持ちがあったと思います。そうやって、人間は昔から、こわい話や妖怪の話をつくってきました。

トイレで手を洗うのは、あの世とこの世の境目から出てきたときは、きれいにしておきましょうという意味もあります。お寺や神社でも、体

を清めるかわりに、手を洗います。

「こわい話」にこめられた願い

あの世とこの世のこわい話をつくることには、人々の③願いがこめられているんですね。

ひとつは、正しくよいおこないをしたいということ。それからもうひとつ、自分をきたえるということ。悪いことをしないで我慢しよう。その姿は地獄の閻魔さまも見ていてくれるかもしれない。

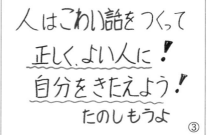

神社やお寺に観光で行くでしょう？ それも仏さまや神さまに対して、自分の立派なおこないを、よく見ていてくださいという意味です。

最後に、映画『となりのトトロ』(宮崎駿監督、スタジオジブリ制作、1988) のお話を知っていますか。トトロもじつは妖怪だけど、人間と仲がいいでしょ？ 人間を助けてくれたりアドバイスをくれたりする。

人間には、**目に見えないものを自分の味方にすることで、自分の力をたくわえて、よい人間になっていこうという気持ち**が備わっています。だからそれを上手に育てていってほしいと思います。

じゃあ今日は④「となりのトトロ」(宮崎駿 詩、久石譲 曲) の歌を歌って終わりましょう。大きな声でいっしょに歌ってくださいね。

授業動画URL　https://japama.jp/okazaki_class_ms2-2/

44　シーズン2　中学年

解説

中-2 〈いのちとからだ〉
地獄と天国…ほんとにあるの？

授業動画はこちら→

　最近は、「先生、こわい話してぇー」という子どもが激減しています。生と死、おばけ、妖怪、ゆうれいといったものが子どもの生活から遠ざかってしまったからです。

　この授業は、地獄や「トイレの花子さん」でこわがらせることがねらいではありません。ここではそれらが、**生と死の深淵な意味のなかで、また古代からの人と自然・神とのつながりのなかで、人間が善く生きようとする知恵**でもあるのだということを知ってほしいと思って展開しています。

　地獄絵図はそうとうこわいです。さらに円山応挙のゆうれいの絵などもこわいです。水木しげるさんの漫画や妖怪図鑑のほうが子どもにはよいかもしれません。ほんらい、こうしたものに説明は要りません。**子どもたちは、「恐怖」からさえも学びます。**

　得体の知れないものがこの世界にはたくさんあるのだということから、人間は慎ましく謙虚に生きようとしてきたはずなのですが、最近は、人間は自然や死を自由に操作し、支配できると思いあがっているのではないでしょうか。

　こっくりさん、心霊写真、占い、金縛り、超能力など、科学はそれらのインチキ・タネを暴いてきました。ボク自身もまったく信じてはいませんが、楽しむことは大好きです。

　でも、**これらが異様に流行するときは、おそらく、人間が不安になり、あしもとが揺らいでいるとき**なのです。心と頭を、こうした不可解なモノにもっていかれないようにしなければなりません。そのためにも、地獄と「トイレの花子さん」は、とてもよい文化題材なのです。

参考文献：宮次男監修『地獄』(風濤社、1980)／源信『往生要集』(花山勝友訳、徳間書店、1972)

シーズン2 中-3 〈日本語とことば〉
「うそ日記」を書く

動画はこちら↑

　みなさん、こんにちは。今日は、「うその日記」「うその作文」を書くという話をします。「そんなことやっていいの？」と思うかもしれませんが、「うその日記や作文」って、図書室にいっぱいあるよね。

ほんとうにあったこと？？

　矢玉四郎さんの書かれた『ぼくときどきぶた』(岩崎書店、1987)という物語は、『はれときどきぶた』という本のシリーズの第3巻です。

　このシリーズでは、子どもたちがぶたになったり、日記にぶたのことを書いたら現実になったりします。

> 朝起きたら、テーブルの上に、ぶたの丸やきがのっていました。スープには、くじらがおよいでいる。
> ①

　『ぼくときどきぶた』でもそれは同じ。魔王が出てくる紙しばいを友だち同士でつくって教室で読んでいたら、ほんとうに魔王が出てきて、光線を出す。すると、教室にいるみんながぶたになっちゃう。

　実際にはそんなことはないよね。でも「ほんとうにあったのかな」と思ったり思わなかったりするような微妙なこと。そんな文章をみんなにも書いてもらいたいと思います。たとえば、①こんなのが「うそ日記」。

「ノンフィクション」と「フィクション」

　日記って、ふつうはほんとうのこと、あったことを書くよね。それを

「ノンフィクション」といいます。作り話、うそのことを「フィクション」といいます。

　テレビドラマの最後に「この物語に出てくる登場人物と団体は架空のものです」とか書いてあるよね。『ポケモン』『ゲゲゲの鬼太郎』とかのアニメも、本物じゃないよね。

　『はれときどきぶた』のシリーズで、突然友だちがぶたになったりするみたいに、毎日のみんなの暮らしのなかに、うその話を入れておもしろく書いてもらいたいなと思います。

　『アナと雪の女王』みたいに、最初からまったくの作り話も悪くないよね。でも、実際の毎日の暮らしのなかにうそが出てきて、「え、え？」と思ううちに、展開していくのもおもしろい。

　さっきの「朝起きたら、テーブルの上に、ぶたの丸やきがのっていました」という日記は、実際の毎日の生活の話に、突然うそが入ってくるわけです。ほんとうの日記かなと思って読んでいると、全然ちがう。

「こうなったらうれしいよね」ということ

　でも、うそなんて書きにくいという人もいます。②「うそはダメ」っていわれるもんね。「うそをついたら閻魔さまに舌をぬかれる」「うそついたら針千本のます」のように「罰」があるよね。

　たしかに、人を悲しませたり、人をだましたり、人をおとしいれたり、人をうらぎったりするうそはやめたほうがいい。

　ここで書いてほしいのは、夢の話や空想、フィクション、あるいはファンタジー。聞いていると楽しくなったり、いやされたり、おもしろいよねと思ったり、ドキドキハラハラ、

うそはダメ〜
夢，空想，ファンタジー
みんなの心をゆたかにしてくれる。楽しませてくれる。
②

3　「うそ日記」を書く　　47

ワクワクしたりする。

　「こうなったらうれしいよね」ということを、考えているだけでなく、じっさいに書いてみると、心が豊かになっていく。書いたら、ぜひみんなに聞かせてあげてほしい。

どんなテーマで書く？

　では、どんなことを書いたらいいでしょう。例として、いままでに岡崎先生が③学校の子どもたちに書いてもらったテーマを紹介します。

　まず、**「学校のこと」**。「朝学校へ行ったら、門の前で校長先生がおどっていました」「教室に行ったら、担任の先生がおさるになっていました。『おかざきまさる』が『おかざきおさる』になっていました」「今日は勉強をやらずに、みんなで外で遊びましょうと先生はいいました」とかね。

　そして、**「遠足のこと」**。遠足が雨で中止になったときに、遠足に行ったことにして、どうなったらおもしろいかを書いてみたんです。「長い距離を歩かなきゃいけないと思ったら、車に乗せてくれました。すぐお弁当になりました」「おやつは自由にもってきていいことになりました」とか、こうなればいいなということをいっぱい書いてくれました。

　それから**「家族のこと」**。いつもお母さんにしかられている子が、「帰ったら、お母さんが金魚になって金魚ばちで泳いでいました。口をパクパクしていて、なにをいっているのかわかりません」と書いてあった。

　「将来のこと」。「ぼくは宇宙の総理大臣になって、平和に暮らすために、こんなことをします」というのもあったな。

　「昔のこと」もいいね。タイムマシーンを使ってもいいし、「カミナリがドンと鳴って地面がぐらぐらゆれ

ウソ作文
1. 学校のこと
2. 遠足のこと
3. 家族のこと
4. しょうらいのこと
5. 昔のこと
6. 新しい昔話
7. 虫や恐竜が出てくる話
8. タレントと遊んだ話

③

ました。気がついたら恐竜時代でした」と、知っている恐竜の話をいっぱい書いた子もいたな。

それから**「新しい昔話」**をつくる。たとえば「桃太郎」の話で、「桃を割ったら、なかから出てきた桃太郎はふたごでした」とか、おにが桃太郎の退治に行った話とかね。

「虫や恐竜が出てくる話」。大人の小説にも、朝起きたら虫になっていた『変身』(フランツ・カフカ)という有名な話があります。「朝起きたら、ぼくはステゴサウルスになっていました」とかいう話もできるね。

あと**「タレントと遊んだ話」**。好きなタレントといっしょにテーマパークに行ったとか、そんな話もいいね。

気をつけてほしいこと

「うそ作文」や「うそ日記」は、書いていてとにかく楽しい。ただ、④<u>気をつけてほしいこと</u>がふたつあります。

ひとつは、やっぱり楽しくないといけないと思う。書くだけじゃなくて、みんなに読んでもらって楽しみたい。

だから、ふたつめに、作文に自分のことが書かれて、いやだなと思う人が出てくるとまずいな。友だちのことをばかにしたり、いじわるな話は書かないほうがいい。そうすると、いやな作文になっちゃうでしょ。

たまには、こういう「うそ日記」や「うそ作文」を書くと、**きっと書く力も上達するし、友だちといっしょに読みあえば、とても楽しくなる。**ぜひみんなも、たくさん、楽しんで書けるといいなと思います。

じゃあ今日はここまで。さよなら。

> 気をつけること
> 1) できるだけ楽しくおもしろい内容にしてください。
> 2) 友だちをバカにしたり、いじわるな話にしないこと。
> ④

授業動画URL　https://japama.jp/okazaki_class_ms2-3/

解説

中-3 〈日本語とことば〉
「うそ日記」を書く

授業動画はこちら→

　「うそ日記」は仮説実験授業研究会（『たのしい授業』誌）に教えてもらったアイデアです。たのしい授業のヒントをたくさん教えてもらいました。
　代表であった故・板倉聖宣(きよのぶ)さんにはボクが編集人を務める〈おそい・はやい・ひくい・たかい〉にも何度か登場していただき、たくさん学ばせてもらいました。
　教員になったころから、生活に根差した表現に重きをおく「日本作文の会」という民間教育団体の成果を学びました。その一方で「桃太郎のその後」といった「おもしろテーマ」で子どもに作文をしてもらうこともしていました。灰谷健次郎さんの『せんせいけらいになれ』（理論社、1977）を読んで、自由に表現することはとても楽しいし意味があることだと確信したのです。
　いちばん重要なことは、**「上手に書く」ことより「書くことを楽しむ」こと**だと思います。それには、「書くことの基礎を踏まえたうえで……」といいたくなるかもしれませんが、ボクはそういう考えが、作文ぎらいを生んでいると思っています。
　書きながら、「てにをは」や、構成のしかた、表題のつけかた、展開のしかたを学んでいくのであって、それは**書くことの楽しさに裏打ちされていないかぎり、大人好みの模範作文を到達点としてしまう「つまらない作文」になる**ように思います。
　ここで紹介した「うそ日記」や「うそ作文」はとにかく自由です。若干下品なことばもいいのではないか、権威を笑ったり、目上のモノを批判したりするのもいいのではないかと思っています。
　「なにこれは！」と**優等生の先生や親が眉をひそめるような文章こそ、子どもの本物の声だ**とボクは思います。

シーズン2 中-4 〈暮らしと科学〉
もし、いじめにあったら

動画はこちら↑

　こんにちは。今日はいじめと友だちについて話します。

「いじめ」とは

　「いじめ」とはなにか。たいていは大勢の友だちに、なにかいわれたり、無視されたり、物をかくされたり、落書きされたり、大人のいないところで、いやなことをされること。

　①「いじめ防止対策推進法」では、学校などで関係のある友だちに、心や体、持ち物などにいやなことをされて、心と体がしんどくなることとしています。

　岡崎先生がいままで相談を受けたものは、多くは「1人対大勢」。なかには、先生や大人がいじめたということもありますが、ほとんどが友だち同士の関係で起こっています。

クラスメート・友だちが……

　もし、実際にクラスでいじめを見たら、どうしたらいいか。「注意する」ってなかなかできないよね。でもいえたら、できるだけいってほしい。

　ただ注意のしかたも、「やめろよバカヤロー」などというとケンカになる。たいていうまくいきません。だれでも頭ごなしにいわれると、むっとくるよね。だから最初は「やめたほうがいいんじゃないかな」とソフト

な言い方がいいかもしれません。

　そして、**相談する**こと。いじめられている子が「だれにもいわないで」といっても、「わかったよ、いわないよ」といっておいていいので、だれかに相談したほうがいい。でもこれは、強い人にぶんなぐってもらうことではないよ。いじめを大きないじめでやっつけることになるからね。

　どうやったら、いじめている人たちに、自分がやっていることがよくないことだとわかってもらえるか、そういう相談です。

自分が……

　②もし自分がいじめられたら。まず、このみっつを考えています。

　まずひとつめは、いじめてくる相手と「**たたかう**」。これはけっこう厳しいね。でもどうしてもいやなときは、たたかうことがあってもいい。

いじめられたら
相談すること ≫≫≫≫≫
● たたかう…たたかいすぎときずつかない
● にげる…いつまでもにげすぎない
● がまんする…がまんしすぎない
②

　それからもうひとつは、とにかくその場から「**逃げる**」。そのまま家に帰ったり、職員室へ逃げてもいいです。

　最後に「**我慢する**」。みんな最初はちょっと我慢するんじゃないかな。

　でのこのみっつは、やりすぎはよくありません。

　たたかいすぎると、今度は相手にケガをさせたり、よけいひどくなることもある。逃げるのも、ずっと逃げているわけにいかないから、やっぱり解決することを考えないといけない。我慢も、いつまででも我慢していたら心と体がどんどん疲れるし、痛める。だからこれも勧めません。

　だれかに相談したり、だれかの力を借りて相手にやめさせていきます。

「解決」の考え方

　「1人対大勢」のいじめのとき、岡崎先生は「1対1」の仲直りとはちがう

解決のしかたを考えます。

　解決とはなにか。ひとつめは、相手からちょっかいかけてこないこと。いやな目で見たり、無視したりしなくなる。でも逆にいえば、しばらくのあいだ、ひとりぼっちになるかもしれません。

　でも、これまで助けてくれなかった友だちが寄ってきて、「大変だね」というのも変でしょ。1人で静かにいられるということを解決のひとつだと思ったほうがいいと思う。

　ふたつめは、友だちとふつうにいられること。たとえば給食のときにいっしょのグループになっても、話をして食べられる。そうじもやれる。ふつうにグループになれる関係が解決の最初だと思っています。いじめがなくなっても、みんながめちゃくちゃ仲よくなるのは難しいんです。

「仲よし」ってどういうこと？

　それに、③「みんないっしょに仲よく」はけっこうこわいこともある。先生は仲よしがいつもいいとは思っていません。みんなのなかでも、仲よしに見えて、じつはだれかのいいなりということない？

　1人ひとりの個性とか自由がない。たとえば遠足のおやつや、遊びにいくのに参加するかしないか。そういうのが自由じゃないというのは、全然仲のいいグループじゃないよ。いじめが起きやすい。

　いばって強そうにしている人も、じつは「ビビり」の人は多いです。ちょっとみんながいやだというと、自分が今度はへんなこといわれるんじゃないかとドキドキしている強がりの人もいます。

　いろんな考え方や好ききらいがあって、うまくバランスがとれているの

4　もし、いじめにあったら　　53

がいい。だから「いつもいっしょ」は
気をつけたほうがいいよ。

④強い人ってどういう人？　それ
は、暴力や多数に頼らない人。1人で
も正しいことや、いやなことをいえ
る人。だれとでも無理しない人。

それから、よく考えている人。す

> 強い人　友だちに
> するなら
> 1) 暴力や多数にたよらない
> 2) 一人ぼっちも平気
> 　だれとでも無理しない。
> 3) よく考えて行動できる。
> < 親友って何？ >
> ④

ぐに好ききらいをいったり、相手が傷ついているのに平気で話したりし
ない。コントロールできる人。

いまは友だちをつくる練習のとき

とくに女の子はよく「親友」というけど、親友なんてまだ早いよ。親友
は、つらいことも楽しいこともいっしょにできて、苦しいときに助けて
くれる人。「ここは直したほうがいいよ」と優しくいってくれる人。

岡崎先生も、そういう人ができたのは高校や大学に入ってからです。
いまはまだ、友だちをつくる練習だと思っていてください。

さあ、最後にもう1回いうよ。突然いじめられたら、どうするか。

まず**相談すること**。親でも先生でも友だちでもいいです。けっして、は
ずかしいことじゃないからね。親に心配かけると思っている人もいるか
もしれないけど、黙っているほうが心配です。

そして、もうそのグループに入らない。**逃げること**。参加しない、遊ば
ない。学校を休んでもいい。いじめがひどくなってきたら、ほんとうに
心と体が病気になってしまいます。だからその前にとめる必要がある。

いじめなんかにあわないほうがいいけど、でもあったとしても、今日
のことを思いだしてください。じゃあ今日はここまでします。さよなら。

授業動画URL　https://japama.jp/okazaki_class_ms2-4/

| 解説 | 中-4〈暮らしと科学〉 **もし、いじめにあったら** | 授業動画はこちら |

　いじめのいちばんの問題は、**いじめられている子どもの自己肯定感が消失していくこと**です。圧倒的な力の前では、自分の存在が消え入るくらい心細いものになるのです。いじめが起きたら、いじめられている子を全力で周囲が守る、それがいちばん最初にすることです。

　「いじめはなくならないのでしょうか」とよく聞かれます。もちろんなくすことはできると思っています。でも、それは**社会全体のいじめ（差別と排除）がなくならないかぎりは難しい**と思います。

　子どもの世界だけがいじめがなくなるなどということは難しいでしょう。大人たちがだれでもが住みやすい社会をつくることに同意して努力をすれば、それを見て子どもたちは学びますから、学校からはすぐにいじめはなくなるでしょう。

　ただし、「いじめはなくならない」と断じることは、いじめをなくす指導や、いじめを解決するような支援、いじめにあった子どもを守り保護すること、いじめた子どもを立ち直らせる、そういった一連の教師や保護者の努力を放棄するということではありません。

　いじめのほとんどが「なりゆき」や「その場の流れ」で、攻撃に同調する多数の子どもによって深刻化します。つまり、いじめの空気がいつのまにか醸成されていることが多いのです。単純な二人のトラブルが、学級や周囲の子どもたちの安易な言動によっていじめ事件に発展するとき、それを許容しているのは、ほかでもない教師をふくむ学級組織です。

　つまり、**教師や周囲の大人が日常的に「弱いものいじめは許さない」という空気をつくること**が、いじめを深刻化しないいちばんの近道なのです。

シーズン2 中-5 〈暮らしと科学〉

どうして学校へ行くの？勉強するの？

動画はこちら↑

　みなさん、こんにちは。みんなのなかには、学校に行っている子も、行っていない子もいるよね。でも、みんな「なんで学校に行かなきゃいけないの？」と考えることがあるでしょ？

子どもが学校へ行っていなかったころ

　学校はどうしてあるのでしょう。昔の子どもの話からしますね。200～300年ぐらい前までは、子どもは学校なんて行っていません。家の手伝いをしたり、どこかに行ったりして働いていました。畑や田んぼの仕事、あと水くみ。水道がないから近くの川や井戸からもってきます。

　10才くらいになると、5、6才の子たちのめんどうも見ます。大人たちは畑や田んぼの仕事に出かけるから、赤ちゃんの世話ができません。

　子どもたちは、売り子さんとして、とれたものをかごに担いで町に売りにいったり、お店に行って、お手伝いをしたりもします。だから勉強するひまはありません。でも、**仕事をしたり、水くみにいったり、お家のお手伝いするのに、勉強なんていらない**とみんな考えていました。

　「読み書き・そろばん（計算）」は、少しの人たちだけは必要だったんです。ひとつは、商売をしている人。何がどれだけ売れた・売れなかったなどは、計算して書かなきゃいけません。家で親に教えてもらったり、塾のようなところへ行って習っていました。

　それからもうひとつは、武士。その時代にはいちばんえらい人ですから、みんなを支配しなきゃいけません。いろんな知識が必要でしょ？　教

科書を写したり、同じ本を何度も読んで暗記したりして勉強します。

明治時代に開国すると

でもそんな時代が終わり、明治時代にいろんな国と交流するようになると、日本はおくれていることがわかったんです。そして①日本を強くするために、お百姓さんも兵隊にならなきゃいけない、外国のように機関車や織物などの機械を使えるようにならなきゃいけないとなりました。一生懸命勉強しなければならなくなったのです。

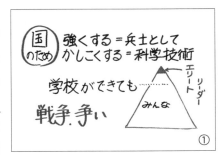

そこで、国が全国に学校をつくりました。学校で、**一部のエリートたちは、国を動かしていくために、ものすごく勉強させられました。**

でも最初、学校へ行く人たちはすごく少なかったんです。学校に行かなくても、生活はできるとずっと思ってきたからです。

でも、もっと豊かにならなきゃいけない、ほかの国が攻めてきたときの準備ができなきゃいけない、産業も盛んにしなきゃいけない、と学校がどんどん増えました。学校へ行く人たちも多くなりました。

戦後の転換

ところが75年前、日本はほかの国と戦争して、負けました。そこで、一部の人が政治をやったり、国のために死んでもいいと思う子どもを育ててはいけないと反省したんです。

そこで②こうなりました。「みんな・自分たち・1人ひとりのため」に、

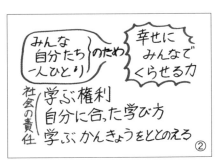

5　どうして学校へ行くの？　勉強するの？　57

賢くならなきゃいけない。「幸せにみんなで暮らせる力」を子どもたちが
ちゃんと身につけなきゃいけない。

　正しいことはなにか、やっちゃいけないこと・やったほうがいいこと
はなにか、それは、1人で決めたらダメ。でも、**みんなで話しあうために
は、みんなが賢くないとダメ**じゃん。だれかえらい人が命令するというの
では、前の日本みたいに失敗します。

　そういう意味で、学校はとても大事です。だから、みんなに勉強する
権利はある。それを自分にあった勉強のしかたでやっていい。お金の補
助を出したりして、勉強する環境を整えよう。そう決めました。

いま、なんのためにある？

　いまの③学校の役割について、先
生はこんなふうに考えています。

　ひとつは、「一人前になるため」。社
会で働いて、暮らすためです。

　もうひとつは、「友だちと協力す
る」ことを覚えるため。大人になれば

よくわかると思うけど、社会はみんなで成り立っています。

　それから「大人が仕事を安心してできる」ため。これは、みんなと直接
関係はないけれど、大人が安心して仕事や生活のことができるように、
お昼は子どもを預かって、勉強を教えている。

　それから、「何がよいことか、わかる力をつける」ため。これはとっても
大事。学校だけでできるわけじゃないけど、さっきいったように、いい
ことと悪いこととを自分で判断する、考える力をつけてほしい。

勉強は、どこでもどんなしかたでも

　ところがいまは、学校へ行きたいなと思って行かない人もいるし、行

きたくないなと思って行かない人もいる。学校だけが勉強する場所じゃない、となりました。前は、学校に行けないと「ぼくはダメだな」と思っている人が多かったけど、いまはそうじゃない。

学校に行かないなら、行かないなりの勉強のしかたを考えればいい。④決められた学校でなくてもいいということになりました。

学校はあるけど、行かない人たちは、世界にもたくさんいます。そういう人たちはどうしているか。

ひとつは「ホームスクール」。家で親に教えてもらったり、地域の人に教えてもらったり、家族同士が集まって勉強したり、自分で勉強したりしています。それでOKです。

それから「フリースクール」「オルタナティブスクール」。学校とはちがう場所で集まって、子どもたちが、自分たちでいろんなことを決めて勉強したり活動したりする。そんな「居場所」がたくさんできています。

岡崎先生が考えているのは、「ストリートスクール」。これは、どこでも勉強しようということ。「ストリート」は「道」という意味。道路で勉強するわけじゃないけど、道路は自由にあちこち行けるよね。この社会のなかで、地域のなかで、友だち同士で、グループをつくって、どこでもどんなしかたでも、勉強できるという考えです。

いまは、子どもが勉強したり楽しんだりできる場所がたくさんできています。これをもっと充実させていくといいなとボクは思っています。みんなも、自分がどうやって勉強したり、育っていったらいいか、自分でも考えていってください。じゃあ今日はここまで。さよなら。

授業動画URL　https://japama.jp/okazaki_class_ms2-5/

解説 中-5 〈暮らしと科学〉
どうして学校へ行くの？勉強するの？

授業動画はこちら←

「学校ってなんのためにあるのですか？」「なぜ勉強しなくちゃいけないのですか？」と子どもだけでなく、大人にもよく聞かれます。

この問いにはたくさんの知識人が答えています。知識人は、学校なしに知識人になれませんから、けっこう真剣に「学校は大事だよ」といいます。でも、ボクは尋ねられてもうまく答えられません。なぜ答えられないかというと、どうでもいいと思っているからです。

ボクは教員なのですが**「学校なんて、結局どうでもいいんだよ」**と思ってます。それは、絶対に必要だとか、なくてはならないというほどのことはないという意味です。

学校のいちばんの役割は、「良質の託児所であること」だと思っています。つまり、世間の大人が働き、社会でみんなのためにがんばっているあいだ、手間のかかる子どもは学校で、遊んだり、かしこくなるように勉強しておいたほうがいいということです。

ですから**「学校へ行きたくないのなら来なくていい」**と思います。でも、「ほかに行くところがなければ来てみてよ！」と思っています。来たら、けっこういいところだと思ってもらえるように努力はしているつもりです。ただ、むりやり来ることはないし、いじめられたりしているのなら、それがなんとかなるまでは休んだほうがいいと思うのです。

いま、学校はむりやり行くところではありません。でも、家にずっといられる子もいれば、それだと親が仕事などにさしつかえ、たいへんになってしまうという子もいます。勉強がおくれるという心配をする人もいますが、やる気が出たり、必要性がわかれば勉強は自分でやりますし、やらなければなりません。**たかが学校、されど学校**なのです。

参考文献：中山千夏『主人公はきみだ──ライツのランプをともそうよ』（出版ワークス、2019）

高学年の授業

高-1 〈暮らしと科学〉
家族ってだれのこと？

動画はこちら↑

　みなさん、こんにちは。お元気ですか。今日は家族と親子のことを考えたいなと思っています。

ペットも家族？

　まず、①「家族の範囲」ってどこまで？「自分と親」。これは家族だよね。それから、きょうだいも家族だね。ただ、お兄ちゃんやお姉ちゃんが結婚して遠くにいるとか、大学に行っているとかでいっしょに住んでいない人もいるでしょ。でも帰ってきたら「家族」という感じになるね。

　それから、おじいちゃんやおばあちゃんはどう？　いま、おじいちゃん・おばあちゃんがいっしょに住んでいる家族は減ってきています。

　おじさんやおばさん、いとこがいっしょに住んでいる人もときどきいるよね。

　だから家族って、はっきりとここまでっていうのはないね。でも、血のつながり、それを「血縁関係」というけど、それだけで考えていない？

　でも、最近は犬や猫のようなペットも家族だという人が増えています。動物なんだけど、「家族の1人」というふうにみんな思っている。だけど、ミドリガメとか金魚とかは、どう？　家族になる？　ちょっと微妙に

なってくるね。

　だから、家族の範囲はあまりはっきりしないということです。

「七つ前は神の子」

　昔は、いまみたいな家族と全然ちがうんだよね。

　まず子どもは、「七つ前は神の子」といわれていました。昔は病気や貧しさなどで、7才になるまでに亡くなったり、売られたりすることがよくあったので、それは神さまになるんだよ（「神さまだった」という解釈もある）といわれました。

　反対に、7才を過ぎたら人間の子になりますよということです。

昔は親がたくさんいた

　それから、昔は②たくさん親がいました。

　ひとつめは、「取上親」。いまは病院で赤ちゃんを産むことが多いけど、昔は家に産婆さんが来て赤ちゃんをとりあげました。その人が、赤ちゃんをとりあげた親です。

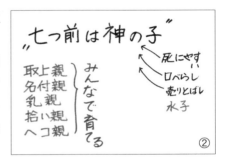

　ふたつめは、「名付親」。いまはお父さん・お母さんが名前をつけることが多いですけど、昔はおじいちゃん・おばあちゃんとか、親戚の人とか、ちょっとえらい人につけてもらったりもしていました。

　みっつめは、「乳親」。これはおっぱいをあげる親です。

　それから、「拾い親」。昔は、赤ちゃんが産まれてしばらくしたら、赤ちゃんを村の四つ角に「捨てる」、つまりおいておくことをしました。

　これはほんとうに捨てようと思って、おくわけではなく、「この子がどんな苦労をしても助けてくれる人がいますように」という祈りがこめら

1　家族ってだれのこと？　　63

れていました。それを村のだれかが拾って、親のところへ届けてくれる。この拾ってくれた人も親になります。

そして最後は、「**ヘコ親**」。13才になると、昔は大人になるので、下着(ふんどし)をくれる親がいました。

こうやっていろんな親がいて、子どもたちをみんなで育ててくれる。だから困ったときは、たくさんいる親に助けを求めることができた。そのなかには、血のつながりがない村の人たちが入っていたりしました。

「家族のかたちはいろいろ」

ところが100年から150年前に、はじめて「家族」という言葉がつくられました。そのことによって、**「親と子だけが中心になりなさい。ほかの人はあまり入っちゃダメ。入るにしても、男親がいちばんえらいんですよ」**と、そういう③家族の考え方が入ってきました。

それはいまも残っているよね。「親と子」が中心でしょ。でもさっきいったみたいにペットも家族になって、「家族の範囲」は変わってきました。

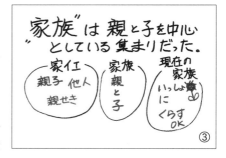

結婚もそうだね。男の人と女の人だけじゃなくて、男の人同士や女の人同士で結婚する、そういう国や地域がたくさんできました。

男の人同士、女の人同士だと子どもを産めないので、「養子縁組」でよその子どもを育てる親もいます。

日本はまだまだおくれているけど、いずれそうなっていくでしょう。そうすると、「家族のかたち」もどんどん変わっていきます。

法律ではどうなっているかというと、「家族」といわないで、「世帯」といっています。これは、住んでいる家と生計(生活をするときのお財布)を

いっしょにする集まりのこと。1人でも、独立して生計を立てていたら、一世帯です。

世界にはいろいろな家族と親子のかたちがありますが、ひとつだけアフリカのカンバ地方というところの家族の例をお話しします。

まず、3才になったらお母さんのおひざに乗っちゃだめ。

そして、親のいいつけは絶対に守る。

それから、10才になったら1人で寝る。この「1人で寝る」というのは、家の外へ出て、自分でテントや簡単な住まい屋をつくって、そこで寝なさいということです。

それから、息子はお母さんの部屋に入っちゃダメ。お母さんに甘えちゃダメということです。

最後は、お母さんは病気になった子どもの世話ができない。

日本では昔いろんな親がいたっていう話をしたけど、この地域でも、友だちや先輩、それから地域のおじちゃん・おばちゃんたちが、ちゃんとめんどうを見てくれます。独り立ちのときだから、一人前にならなきゃいけないということを、みんなが教えてくれるわけです。

滑走路のようなもの

家族のなかにいるとすごく安心できますよね。でも、**大きくなったら1人ひとりが外へ出て、自分で自分のめんどうをみて、一人前になる。**

だから家族というのは、飛行機がとびたつ滑走路のようなものです。いまみんなは、親が洗たくとかいろいろな世話をやってくれるけど、いつかは自分でやらないといけなくなる。だから滑走路である家族といっしょにいるあいだに、そういう力をつけてとびたっていきましょう、ということだね。

今日の家族の授業はこれで終わります。じゃあさようなら。

授業動画URL　https://japama.jp/okazaki_class_hs2-1/

1　家族ってだれのこと？　　65

解説 高-1 〈暮らしと科学〉
家族ってだれのこと？

 授業動画はこちら→

　ボクは、いままで家族の授業をたくさんやってきました。動物の親子から始まって、家族の歴史、世界の家族の姿や考え方を子どもたちといっしょに楽しんできました。

　いつの時代も家族にはいろいろなかたちがあって、多様そのものです。しかし、たくさんの課題や問題を常に抱えています。それは子どもでも同じで、**彼らだけが家族という安全地帯にいるわけではない**のです。

　今回触れた、以前の日本の各地にあった多様な「親」の子育て・養育は、貧しさや短命な子どもたちに対する地域のたくましい「子育て力」です。しかし一方で、それは「しがらみ」であり、親や子の自由を奪い抑圧することもありました。**集団で生きるということは人間のいちばん大きな課題**なのです。

　「ヘコ親」は、13才ごろ元服すると、一人前になったという意味で、男子にはふんどし、女子には腰巻きを贈ったといいます。

　この授業を聞いてくれている子どもたちには将来「家族をつくること」があたりまえではなくなっている……それどころか、結婚もいま以上に少なくなるかもしれません。

　結婚があたりまえではないとしても、家の外であろうと中であろうと、自分のことは自分でやれるように男女ともに暮らしのスキルを磨いてほしいと思っています。

参考文献：
おもしろ学校職員室編『おもしろ学校ごっこ』(初級・中級・上級編、KTC中央出版、1998)
中内敏夫編『生活の時間・空間 学校の時間・空間』(叢書・産育と教育の社会史3、新評論、1984)
ますのきよし『家族』(For Beginner、現代書館、1985)
広田照幸編『〈理想の家族〉はどこにあるのか？』(教育開発研究、2002)

シーズン2 高-2 〈数と形の世界〉
単位はなぜできた？

動画はこちら↑

みなさん、こんにちは。元気ですか。

時々みんなに「勉強やってる？」と聞くと、「やってるよ」といいます。「どれぐらい？」と聞くと、「2分！」とか「1分！」とかいいます(笑)。

「たくさん」っていわれても……

今日は、「1分」とか「1時間」という単位の勉強。単位がどうしてできてきたかということの授業をします。

たとえばお米を買うとき、①「お米をたくさんください」といったら、お店の人は困るよね。「どれだけほしいの？」と聞くでしょう？「たくさん」という言い方はわかりにくい。

①

そこで単位があると便利です。もし単位がなかった昔に、こんなことをするなら、みんなはどうする？

「直接比較」と「間接比較」

たとえば、どっちのえんぴつが長いかの競争をするとします。単位を測るもの、ものさしがあれば測ればいいんだけど、なかったら？

そういうときは、直接くらべてみればいいよね。**自分が持っているものを差し出して、相手のものとくらべる方法は「直接比較」**といって、昔は

こうやって測っていました。

でも、直接測れないものもあるね。たとえば、学校から家までと、家からコンビニまで、どっちが遠いかを考えるときは、どうする？ ものさしも巻尺もないよ。いまなら「Googleマップ」などで距離（きょり）が測れるけど、それもない。

そんなとき、**あいだに代わりのものをはさんで、比較する方法**を「**間接比較**」という。たとえば「歩幅（はば）」。同じ歩幅で歩いて、何歩あったかで、遠い・近いがわかるでしょ？ けっこうアバウトだけどね。

「個別単位」

それですんでいた時代はいいんだけど、国がだんだんまとまってくると、ものを取引する範囲（はんい）が広くなっていきます。そして、国のなかでは、王さまがだんだん威張（い）ってきて、みんなを支配するようになる。支配するときのポイントのひとつは、自分で単位をつくること。

たとえば、昔の日本の寸法で、②人差し指と親指を広げた「あた」※1という長さがありますが、王さまの「1あた」をこの国の長さの単位とする、ということもありうるんですね。王さまのネックレスの重さを「1おうさま」という単位にするとか。

こういう**その場・その国かぎりの決まり**を「**個別単位**」といいます。

「直接比較」「間接比較」「個別単位」、だんだん進歩してきたね。

1m、1kg……「普遍単位」

そして最後に、**社会全体、世界中どこでも同じように使える「普遍単位」**。これは、いまみんなが使っている単位です。

68　シーズン2　高学年

そこで「1m」とか「1kg」という単位を決めることになりました。重さと長さ、時間も決まっています。今日は、③長さと重さについて話します。

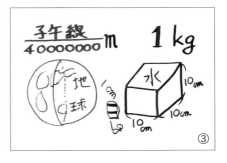

どうやって決めたかというと、長さは、十二支の話※2で出てきた「子午線」と関係があります。

地球を「子」と「午」の方向、つまり南北を通る円周で切った線を「子午線」といいました。**この子午線の長さを4000万分の1にする、つまり4000万で割った長さを「1m」としました**。だから、世界中で同じ長さです。

パリには、実際に1mのものさしがつくって、おいてあるそうです。長さが変わると困るので、伸び縮みの少ない金属で、サビないようにしておいてある。

それを基に各国でものさしや巻尺をつくって使っているわけですね。

それからもうひとつは、重さ。**たて×よこ×高さ10cmの箱に水を入れたときの、水の重さを「1kg」としました**。この箱の辺を各1cmにしたサイコロぐらいの箱に入れた水の重さは、「1g」です。

これもパリに、金属でつくった「1kg」がおいてあります。ガラスの蓋が閉まっていて、サビたり重さが変化したりしないようになっている。この蓋をあけるみっつのかぎは、3人が別々にもっているらしいです。

でも2019年に、この長さや重さの「基準」の測り方を変えたみたいです。とても難しいんだけど、波長や金属の分子の動きが関係する物理という分野の考え方で、非常に細かく科学的に決めたみたい。

これは説明がとても難しいので今日はできませんけど、機械があれば、どこでもちゃんと「1m」や「1kg」が測れるそうです。だからパリに

おいてある基準の「1m」「1kg」もいらなくなるかもしれません。

単位というのは、もともと④物を交換したり、測ったり、売ったり買ったりをみんなでやりはじめたころにできました。お米とか粉、酒などは、どうしても測る器がないと無理でしょう？

だから測る器に単位がいる。**物の量をやりとりする基準**です。この単位がわからないと暮らしていけないよね。だからめんどうかもしれませんけど、ぜひ単位は勉強しないといけないなと思います。

「k」は○3つ分

さて単位の勉強をすると、こういう問題がよく出るよね。「25kgは何g？」。これを簡単に答えを出す方法があります。「kg」の「k」って、○（マル＝ゼロ）3つ分のこと。だから、「k」をとるなら、○3つをつけて「25000g」。「k」はいつも、○3つ分ですから、覚えておくといいよ。

あと先生がいいたかったのは、「ミスターK」のこと。昔、日本から大リーグに行った野茂投手という選手がいて、「ミスターK」といわれていたんですね。すごくたくさん三振をとるんだけど、どうして「ミスターK」かというと、この「K」は、○（＝ボール）3つ、つまり、スリーストライクアウトのことじゃないかなと思ったんです。じゃあ、さよなら。

　　　　　　　授業動画URL　https://japama.jp/okazaki_class_hs2-2/

※1　親指と中指を広げた長さを指すともいう。

※2　『小学生の授業 シーズン1』（小社刊）より、「高学年1 十二支のひみつ」（62ページ）参照。授業動画は右のQRコードよりご覧いただけます。

解説 高-2 〈数と形の世界〉
単位はなぜできた？

授業動画はこちら →

「単位の換算」というのは、高学年になると、とてもやっかいな内容になります。しかし、もともと**単位というものが「なぜ必要なのか？」**ということは、あまり語られません。

教科書でもほとんど触れられませんし、1kg=1000gといったことを覚えさせられることに終始します。これでは、子どもはいやになるに決まっています。

この授業では、単位が直接比較から普遍単位にまで発達したことを具体的に話してみました。

現在では、1mは光の速度から割り出したり、1kgを「プランク定数」というものから割り出したりするということになっています。「プランク定数」の説明は難しすぎてボクもよくわからないのですが。ただ、自然界にある物質の性質から物理的に割り出すので、普遍的だということらしいです。

この授業では具体的に、単位の換算を教えてはいません。**単位換算はとてもめんどうですし、小数の使い方を駆使するので、正直、練習問題をやってみて理解するほうがよい**と思います。

ただ、できれば、面積や体積の単位換算は数字の操作だけで学ぶのではなく、**具体的に紙を切って面積を考えたり、粘土や水など具体的なもので体積を考えながら学ぶことが大事だ**と思います。

野茂投手が「ミスターK」と呼ばれたのは、さまざまな説があり、どうもはっきりしません。ボクは子どもたちにkgやkmを教えるときに、「1000倍としてのK」と話しています。

そのとき、0が3つなので、ちょうどスリーストライクアウトの三振をイメージして「ボール3つの三振K」と伝えています。ただし、問題は、最近の子どもに野茂投手といってもピンとこなくなったことです。

シーズン2 高-3 〈暮らしと科学〉
子どもを守る「子どもの権利」

動画はこちら↑

みなさん、こんにちは。今日は少し難しいかもしれないけれど、とても大事な「子どもの権利」の話をします。

権利ってどういうこと？

「子どもの権利条約」は、子どもの権利を大事にするための、とても大切な約束です。全部で54まであって、1989年に国際連合、世界のみんなが集まる会議で決まりました。

この条約を日本でも使えるように、みんなが守ってくれるようにしましょうと政府が決めたのが、25年くらい前、1994年です。おくれたのは、日本が「子どもの権利」についてよく考えてこなかったんだと思います。

身近な話なんだよ。「そのアップルパイの大きいほうはぼくが食べる権利がある」とかいうでしょ？ でも、その意味を説明するのは難しい。

「権利」の意味は、「すべての人間は生まれたときから自分の考えや思ったことをすることができる、またはしないことも選べる」ということ。 いまは、生まれる前、おなかにいるときから権利があると考えます。

でも権利はいきなりできたわけじゃありません。それは、虐げられた人、つまり意地悪されたり、暴力を受けたり、差別されたり、いじめられたりしている人たちが、立ちあがってできたもの。

「こんなのはいやだ」「人間は、自由に、楽しく、人間らしく、自分の思ったように生きることがあたりまえじゃないか」と、支配している人たちと闘って、できたという歴史があります。それが、250〜300年くら

い前からのこと。

大切な４つの柱

　そうやってできた「権利」という考え方を、子どもにもあてはめるというのが、「子どもの権利条約」の考え方です。どんなことが書いてあるか。世界的には①この４つぐらいのことがいわれています。

子どもの権利 子ども18さい未満
1 生きる権利 命を守る 死なせない
2 育つ権利 成長、かしこく、健康 遊ぶ、くらす
3 守られる権利 ひどいことされないように、暴力、仕事
4 参加する権利 自由に意見を言う 仲間をつくる
①

　ひとつめは、「1、**生きる権利**」。たとえば食べものがないときや、どこかから逃げてくるときに、子どもを後まわしにしちゃだめ。子どもを死なせないということ。

　次に、「2、**育つ権利**」。成長する権利、教育を受ける権利です。世界では、戦争や内戦、貧しさから、学校に行けない子どもがものすごくいるんです。元気に生きる、遊ぶ、豊かに楽しく暮らすのも権利です。

　それから「3、**守られる権利**」。これは、子どもがひどいことをされない、暴力を受けない、仕事をさせられない権利です。貧しい国へ行くと子どもたちが働いていますが、それはダメ。日本でも子どもに仕事をさせると、それを認めた大人は罰せられます。

　それから「4、**参加する権利**」。自由に意見をいう権利です。「子どもだから黙ってろ」、これはダメ。それから、仲間をつくろうと思ったら「なんか変なことを相談するのはやめなさい」、これもダメです。

　でもこういうと、「わがままだ！」って大人は絶対いうよね。「ちゃんとした日本にしなきゃいけないから」「法律違反はダメ」「社会には、君たちを育てる責任がある」。そして、身近な大人は「あなたのためよ」。

　でも、全部そうやってわがままと決めつけてはいけません。大人は、「よい大人になれない」と思っていますが、まず「子どもの権利を守る」

ということをよく考えてほしい。それが子どもの権利条約なんです。

どうしたらいい？

どうしたらいいでしょう。②このフリップを見てください。

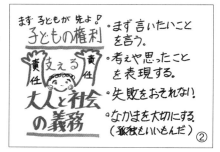

まず「子どもが先」です。子どもが、いいたいことをいおう。紙に書いたり、ポスターにしたりしてもいい。そして大人と話し合いをしよう。

そのときに失敗をこわがっちゃダメです。「どうせ大人はいうことを聞いてくれないよ」ってあきらめない。ひょっとしたら、みんなのいっていることが子どもの権利として正しいかもしれないんです。

それから仲間を大切にする。友だち同士でいがみあっていては、子どもの権利は守れません。1人で静かに考えることも大事ですけどね。

先生たち大人には、義務があります。それはまず、子どもの権利を子どもたちが守れるように支えましょう。 これは大人へのメッセージです。

そして**みんなは、「失敗したら、しかられたらいやだな」ではなく、きちんといいたいことを表現しましょう。** それが大事だと思います。

身のまわりのことで考える

最後に、実際の身のまわりのことを、子どもの権利で考えてほしい。

たとえば、「シャーペンを学校へもっていきたい」。どうしていけないか先生に聞いたことある？ 子どもの権利が妨げられていませんか。それは、みんなが納得してできる決まりなのかということ。もってきちゃだめなら、先生はきちんと理由を説明しなきゃいけません。

次に、「制服は着たくない」。制服を着たくない人は、なぜダメか理由を聞いてほしい。

それから、「子どもの日記を勝手に読むな」。これは、子どもの権利としては、絶対ダメです。でも大人は心配して見ちゃうんだね。

そうすると子どもの権利と、大人の心配とどっちが上なんだろう。だからそこは、見せないようにして話をするとか、ここは見ていいよというとか、話し合いをしなきゃいけない。

子どもの権利というのは、子どもの話をよく聞くということなんです。だから、みんながきちんと話さなきゃいけないね。

あと「学校へむりやり行かせるな」。大人が行かせたいなら、なぜ行かせたいのか、ちゃんと説明しなきゃいけないね。

「三食ちゃんと食べたい」。お金なくて困っているときは、社会が食べさせるようにしなきゃいけません。

それから、「高校へみんなで行きたい」。障害があるから、この高校には行けないといわれている人がいます。でもさっき出てきたように、「育つ権利」があるから、障害があろうが、なにがあろうが、高校へ行きたかったら、みんな行かせてあげなきゃいけないと思います。これも、いろんな意見があるから、話しあわないといけません。

あと「スマホは自由に使いたい」。難しいね。

自分の考えをぶつけてみて

子どもの権利って、なかなか簡単に答えが出ない。子どもだけで考えていても無理で、大人が子どもの権利をどう考えるかということを、先生たちや大人も勉強しないといけないということなんです。

みんなのまわりにも、子どもの権利から考えると、問題はたくさんあります。だからあきらめないで、自分の考えをぶつけてみてください。それは世界中の人たちが「子どもの権利」で認めていることです。はずかしがることは、なにもありません。じゃあまた今度、さよなら。

授業動画URL　https://japama.jp/okazaki_class_hs2-3/

解説 高-3〈暮らしと科学〉
子どもを守る「子どもの権利」

 授業動画はこちら←

　子どもに「権利」を教えるのは簡単ではありません。なぜなら、定型の「ことば」だけで教えようとするからです。しかし、生活のなかで、困難な問題に遭遇したときにこそ、権利を大切にして、人間らしく生きるためにはどうしたらいいのか？　と考えるべきなのです。

　ボクたちは、「悪いことはやっていけません」とことばでいえばみんな悪いことをしないという、「怠惰な思考」から抜けなければなりません。**具体的な生活のなかでしか「ことば」にリアルな力が生まれることはありません。**

　「子どもの権利」は社会通念上は認められています。そのうえで**「自分の考えや想い」**を実現するために**「子どもは発言し行動していいのだ」**ということに焦点をおきました。

　日本では「子どもの権利条約」は、なかなか周知されず、権利が画餅になっています。「権利は闘いとるものである。あたえられるモノではない」という原則があるのですが、大人社会がその原則を受けとめきれていないのです。**子どもがなにかに不満をもち、訴えたときも、権利意識のない大人は「子どものくせに」と、子どもを同等の人間として認めない**のです。

　この授業は、子どもだけでなく、大人にも考えてほしいことを伝えています。大人には子どもの権利を理解し、守り、保障し、育む義務と責任があります。「子どものわがまま」でかたづけてはなりません。

　私たち大人自身も権利意識に目覚め、権利を獲得し充実させるためにたゆまぬ努力を続けることが必要なのです。権利にあぐらをかいていると、いつのまにか「無権利状態」におかれるのです。

参考文献：木村草太編『子どもの人権をまもるために』(晶文社、2018)
　　　　　中山千夏『主人公はきみだ——ライツのランプをともそうよ』(出版ワークス、2019)

シーズン2 高-4 〈いのちとからだ〉
ドラキュラと血液の関係

動画はこちら↑

　こんにちは。今日はドラキュラの話から始めます。

バンパイヤ伝説

　ドラキュラを知っていますか。ヨーロッパの、夜お墓のなかから生き返って人の血を吸うゆうれい、というかな。

　『ドラキュラ』(ブラム・ストーカー、1897)という小説が世界的に広まって、劇や映画になり、みんなが知るようになりました。

　ドラキュラは、ルーマニア・トランシルヴァニアのヴラド・ツェペシュという地方の王さまがモデルです。この人は、戦争でつかまえた敵をおしりから串刺しにして、原っぱに立てるという残酷な処刑をしたとして有名で、「串刺し公」ともいわれました。ただ、一方ではとてもいい王さまだったという話もあり、どこまでがほんとうかはよくわかりません。

　ツェペシュには「ドラクル」という称号があって、これが「ドラキュラ」の元になりました。称号というのは、えらい人が自分につける名前。

　「バンパイヤ」には、ドラキュラや吸血コウモリ、いろんなものがあります。**死んだ人が、神の力を借りて、血を自分の体に入れることで生き返っていくという話**で、いろんな伝説や物語として世界中にあります。血と神さまというのは、大きな意味がおかれていたんですね。

血でどうして「生き返る」？

　どうして、血が復活したり生き返ったりするのに、かかわるか。

①ここに書きましたが、まず「命のもと」だと考えられていました。血が出すぎると、出血多量で死んでしまいますね。血は、とても大事な命の活動源。不死のための食料源だと考えられていました。同時に、「エネルギー」。

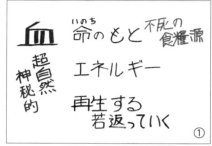

そして「再生する」。なくなっても、また投入すれば「生き返る」。「若返る」と考えていた人もいる。ドラキュラも、一度死んだ人が血を吸うことで生き返るから、同じ考え方だね。

血液の成分

さて、科学が進んだいまの時代の血液の研究も、このような「血」の考え方から、めちゃくちゃ変化したわけではありません。

まず、血が赤いのはどうしてかというと、「赤血球」が赤いから。血液の半分ぐらいは「血しょう」ですが、このうすい黄色の液体に赤血球が入って、赤く見えています。1人の赤血球をつなぐと地球6.5周分、25兆あります。血液は体重の8％くらい。30kgの体重の人では、だいたい2.4kg、1Lの牛乳を2つ半ぐらいですね。

②血液がなにでできているかというと、まずさっきの「血しょう」。このなかに、水とタンパク質があって、糖、脂質、ホルモン、ミネラルも入っています。ミネラルは、無機質ともいわれて、たとえば歯や骨をつくるカルシウムもそう。体ではつくれず、外からとりいれます。

あとの半分は「赤血球」。まるい豆

のような形のへこんだ部分に酸素をのせて、体中をまわって運びます。赤血球は、自由自在に形をゆがめて、すごく細い血管まで入っていける。

　血液のうち、血しょうが55%、赤血球が45%、これでほぼ100%ですが、ほんのちょっとだけ入っているのが、「白血球」。これは侵入してきた敵、人間に有害なばい菌やウイルスをやっつけます。

　そして、「血小板」。ケガをしたとき、血管に穴があくと血液が出ちゃうから、その傷口に蓋をしてくれる役目をしています。

どこでつくって、どこへいく？

　③この血液はどこでつくっているか。骨のなかの「骨髄」でつくります。ただ、どこでもつくれるわけじゃなくて、背中のうしろの「脊椎」とか、「頭蓋骨」などでつくる。

　できた血液は、心臓からポンプで送り出すわけだけど、足や手の指先まで血管が通っていて、切ると血が出るでしょ？　これは、「毛細血管」といって、ものすごく細い血管が体中にめぐらされています。1人分の長さは、地球2周半だって。それくらい細かくあるということです。

　赤血球は、すごく細い血管でも入れるといったけれど、赤血球よりも細い毛細血管のなかも、体をくにゃくにゃして、入れるんだよ。だから、毛細血管は大事。再生もするし、体のすみずみまで入っています。

　血液型は、ふつうは、「A」「B」「AB」「O」。「Rhマイナス」とか特殊な血液型もありますが。血液型は、赤血球の上にくっついているグルコースという糖分の形で決まります。

　体にちがう血液型の血液が入ると、赤血球が固まって「血せん」ができて、血が流れなくなる。そうすると死んじゃうからまずいよね。

だから、人間は血液型をあわせて輸血します。ケガや病気の手術で、血が足らなくなってほかの人の血液を入れるときは、血液型は同じものにします。ドラキュラは血液型を選ばなくていいから、いいなあ（笑）。

免疫とアレルギー

　血液には、④「免疫システム」があります。「免疫力」は、いつも体のバランスを保つ力のこと。もう少しいえば、外から入ってきたものを寄せつけない力だね。

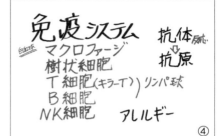

　その力は、白血球のなかにある「マクロファージ」「樹状細胞」「T細胞」「キラーT細胞」「B細胞」「ナチュラルキラー細胞」などがもっていて、これを「抗体」といいます。そして、外から入ってきて、体に悪さをするものを「抗原」といいます。ウイルスだとかばい菌ですね。

　この「抗原抗体」の反応が人間の体の免疫システム、体のバランスをうまくとっています。体調が悪いときなど、抗体があまり働かないと、病気になったりするわけね。

　アレルギーは、免疫システムによく似ていて、抗原に対する反応です。たとえば、花粉症の場合は、花粉が抗原となって、花粉が入ってくると、抗体ががんばります。鼻水を出したりして、花粉を外に出そうとする。

　でも、あんまり鼻水やなみだが出るとたいへんだよね。抗体の反応があんまり大きいと、逆に人間の体もきつくなるから、難しい。

　人間の体は、血液でうまくバランスをとりながら生きています。そう考えれば、ドラキュラも血を飲んでがんばっているんですね（笑）。

　じゃあ今日はここまで。さよなら。

　　　　　　　　　　　授業動画URL　https://japama.jp/okazaki_class_hs2-4/

解説 高-4〈いのちとからだ〉
ドラキュラと血液の関係

授業動画はこちら←

　ドラキュラ伝説は奥が深くて、血液を考えるときには、とてもよい導入になります。そもそも血液は昔から、生きるエネルギーであり、生命の源であると考えられていたのです。

　血液というものは不死の食料源であったと考えられたわけです。ある意味超自然的で神秘的なものなのです。ですから、**血を飲んで若返るような吸血鬼伝説やドラキュラは人間の根っこにある生への希求を象徴的に表している**のではないでしょうか。

　生きるということは、非常に複雑で多様、個別的な融通無碍（ゆうずうむげ）なものであること、さらに、清潔なものだけでなく常在菌のように「穢（けが）れたもの」といわれながらも人間が共存しなければならないものもたくさんあります。

　過剰になりがちな清潔志向により、ほんらい人間が育ててきた共存力・抵抗力・免疫力が低下してしまうことも最近わかってきました。

　ボクは、血液など人間の体のしくみを学習するときには、必ず、こうした**おばけや妖怪、ゆうれい、伝説などの話を使って、子どもたちの前で「人間の歴史のなかの身体」を展開します**が、聞き入る子どもたちの目は予想を超えて鋭く好奇心に満ちてきます。理科という授業の枠のなかで「血液には赤血球と……」などと説明だけするよりも、うんと自然に学習の流れができます。

　どうして血液などというものが人間の体にあるのか？　その赤い液体が循環し、……という、この不思議な自分の体について、子どもたちだって興味関心がないわけがないと思うのです。

参考文献：
山田真『アレルギー体質で読む本──いのちを守り続ける免疫のはなし』(小社刊、2013)
マシュー・バンソン『吸血鬼の事典』(松田和也訳、青土社、1994)
ポールバーバー『ヴァンパイアと屍体──死と埋葬のフォークロア』(野村美紀子訳、工作舎、1991)
Newton別冊『人体図』(ニュートンプレス、2015)

シーズン2 高-5 〈いのちとからだ〉
「いいにおい」と危険な化学物質

動画はこちら↑

　みなさん、元気ですか。今日は「においと空気」の勉強です。人間は毎日空気を吸って生きていますよね。空気のなかの酸素を鼻や口からとりいれて、それが血液によって体中に運ばれることで、元気に動けます。

よごれてきた空気

　でも、空気がよごれて体に悪いものがまじっていると、それも吸ってしまいます。1960年ごろは、高度経済成長といって日本がとても発展した時期です。工場がたくさん立ち、車がたくさん走りました。

　それで日本は豊かになったけど、困ったことも起きました。そのひとつが空気のよごれです。たとえば「車の排気ガス」や「工場の煙」。

　三重県四日市には、石油コンビナートや工場がたくさんあって、1960年ごろはすごくよごれた煙を出していました。それで空気がよごれて、ぜんそくになったり病気になる人がいました。

　でも、「気のせい」とか「証拠はどこにあるんだ」などといわれて、なかなか工場が原因だと認められなかったんです。でも、患者や家族の人たちがすごくがんばったので、工場が原因だと認められ、法律ができました。いま、きたない煙はあまり出さないようになっています。

　車の排気ガスもそうです。トラックがたくさん走る道路のまわりに住んでいる子どもには、ぜんそくの発作が多かった。排気ガスも、二酸化窒素など体に悪いものをたくさん出すので、基準が厳しくなりました。今後、電気自動車が増えて、排気ガスは少なくなってくると思います。

工場の煙や、車の排気ガスとして出しているものは**「化学物質」**です。化学物質が体に入り、人間の体を痛めつけていきます。

　①空気はタダですよね。昔は、土地も水も空気も無料だったけど、いまは土地は値段がつきます。水も地域によっては、ペットボトルの水を買ってきたり、浄水器をつけたりする。

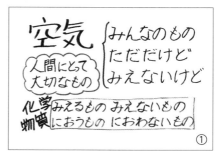

　空気はとても大切です。化学物質を減らしていかなければいけない。地球のまわりの空気は、そんなにたくさんあるわけじゃありません。

1人なら「気のせい」？？

　化学物質は、見えるものも見えないものも、におうものもにおわないものもある。空気に化学物質のつぶが多くなると、人間に悪さをします。

　どんなふうになるか。たとえば、ペンキやうすめ液、カラーペン、塗料(りょう)。あれは、ツーンとしたにおいがすることがありますが、体によくないものが入っています。においのつぶが、鼻から入ればにおうし、口から入れば気持ち悪くなったり、頭が痛くなったりする。

　そんなとき、②みんなが「頭が痛くなる」といったら、使うのをやめるよね。お店でも、においの強い製品はだんだん売らなくなってきた。

　それが3、4人だったらどう？　ちがう人がぬるのを代わってあげたりして、すんでいくと思う。じゃあ、1人だったらどう？

　きっと「気のせいだ」っていわれちゃうよね。お医者さんにいったら、「体調が悪いんじゃないですか」っ

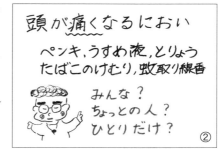

5　「いいにおい」と危険な化学物質　　83

ていわれるかもしれない。

　排気ガスや工場の煙でぜんそくや肺の病気になった人たちも、最初は気のせいだといわれるんです。だからこれも、**真剣に話を聞いたり、ほんとうに体調が悪いんじゃないかと考えないといけません。**

　空気がどんどんよごれてもだれも気がつかなくて、みんながやっと「最近の空気、頭痛くなるね」といいだしたときには、きれいにしようがなくなっている。そういうふうになるかもしれません。

最近問題なのが「においの元」

　最近とくに問題なのは、③洗たく洗剤、柔軟剤（じゅうなんざい）、シャンプー。ほかに、汗のにおいをなくすスプレーなど、そこに入っている「においの元」。

　これも化学物質といいますが、敏感に反応する人がいます。

　鼻水がバーッと出たり、急にかゆくなったり、頭痛がしたり、すごくせきやくしゃみが出たり、目がチカチカしたり、いろんな症状が起きます。この人たちが起こしているのは**「化学物質過敏症」**という症状です。

　これは気のせいでもないし、ほかの原因で体調が悪いわけでもないから、そのままにしていると、どんどん悪くなります。たった1人でも化学物質過敏症の人がいたら、その人の話をよく聞いてください。

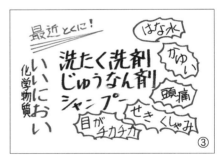

1人ひとりができること

　そして④みんなにがんばってほしいことがあります。それは「使い捨

てのプラスチックを使わないようにしよう」とするのと同じだよ。プラスチックは目に見えるから、レジ袋でなくマイバックを使うのもとりくみやすいね。

でも化学物質は、見えなかったりにおわなかったりするから、やっかいです。だからまず、においに注目してみる。

たとえば、「**給食エプロン**」はみんなが使います。化学物質のにおいがついていると、次使う人が化学物質過敏症だと、とても使えない。

そして「**自分の服**」。「いいにおいでしょ」って服をパタパタとやると、においのつぶが飛んでいく。それから「**もちもの**」。「いいにおいだからかいでごらん」といったら頭が痛くなって気を失う人だっている。

これは、岡崎先生がオーバーにいっているんじゃなくて、最近よく聞くことで、先生のまわりにも何人かそういう人がいます。

柔軟剤を使った服を着た宅配便のお兄さんが、荷物を家のなかでわたすと、そのあと風を通しても、ずっとにおいが残ったりする。**コマーシャルで「いつまでもいいにおいがもつ」というけれど、困る**んだね。

だれもがかかる可能性が

こういう絵本があります。『転校生はかがくぶっしつかびんしょう』(武濤洋 作、吉野あすも 絵、小社刊、2019)。転校してきた子が化学物質過敏症で、マスクやメガネのたいへんなかっこうをしているので、みんなびっくりするんだけど、話すうちにその子のたいへんさがわかってくる。

でも、ひょっとしたら自分がそうなったり、どんどん増えていく可能性もある。だから、**この子のためだけじゃなく、自分のためにも、化学物質を減らす努力をしてほしいなということ**が書かれています。

みんなにも、「いいにおい」には気をつけなきゃいけないことがあることを考えてほしいなと思います。じゃあ今日はここまで、さよなら。

授業動画URL　https://japama.jp/okazaki_class_hs2-5/

解説

高-5 〈いのちとからだ〉
「いいにおい」と危険な化学物質

授業動画はこちら←

　化学物質に対する反応は、人それぞれで、反応する物質の種類も程度もみんなちがうようです。化学物質過敏症というのは、多様で複雑であるということがわかっています。

　新築改築された学校で頭痛がひどくなったり、めまいがしたりする子どもがたくさん出るようになって、はじめて「シックスクール」という名前がつけられ、改善は進みました。自然由来の塗料やワックスも、化学物質を極力抑えたり、樹脂を利用したり「環境にやさしい」とうたっています。

　しかし、**最近のデオドラント（消臭剤）指向の生活や、無菌指向で、化学物質がたくさん、無定量に使われることが多くなっています**。そのため、生活が壊されるほどの化学物質過敏症をひきおこすのです。

　とりわけ「いいにおい」というのがくせ者です。人間の「においの歴史」は「感性の歴史」でもあるのです。なにを「いいにおい」とするかは時代や社会によってきまるのです。ですから、**いま「いいにおい」と判じているのも、じつは化学物質過敏症をもたらすような「危険なにおい」となっている**んだと思います。

　「いいにおいがいつまでも持続する」などという昨今のコマーシャルは恐ろしいとしかいいようがありません。大気汚染公害も水俣病も車の排気ガス公害も、当初から少数とはいえ危険信号を出していた研究者がいました。いや、研究者だけでなく、健康を害しながら訴えた人がたくさんいたのです。

　この化学物質過敏症も**早期対策と「環境にやさしい＝人間にやさしい」という観点から総合的な改善がなされるべき**でしょう。

参考文献：水野玲子『香害は公害——「甘い香り」に潜むリスク』(小社刊、2020)
　　　　　柳沢幸雄『空気の授業——化学物質過敏症とはなんだろう？』(小社刊、2019)

シーズン
3

低学年の授業

低-1 〈数と形の世界〉
正方形は、長方形？

動画はこちら↑

　みなさん、こんにちは。今日は、「正方形も長方形か？」がテーマです。

「大人」と「子ども」、分けられる？

　先生によっていろんな考え方がありますが、岡崎先生は、**「正方形も長方形の仲間に入る」**と思います。だから「長方形を選びなさい」といったとき、そこに正方形が入っていてもいいんじゃないかな。

　今日は、そういうことを考えながら、「範囲と条件」の話をします。

　たとえば、人間を「大人」と「子ども」に分けようとすると、中学生や高校生のお兄さんやお姉さんは、大人？　子ども？　難しいよね。法律や規則では、それぞれ「何才」と決めて分けています。

　たとえばテーマパークの乗り物券などは、小・中学生が子ども料金で、高校生ぐらいから大人料金になることが多い。でも、どうして中学3年まで「子ども」で、高校1年からは「大人」かといわれても、困るよね。

社会を動かしていくための区分

　これは、社会を動かしていくときに、どこかで線をひかなきゃいけないから、たまたま、そこにひいているだけです。

　たとえば、すごく大きな小学生と、小柄な大人の人は、パッと見ただけでは、区別がつかないこともあるね。

　細かくいえば、こういう区分にはあまり意味がないことが多いです。でも条件をつけて範囲を決めないと、社会が動いていかないですね。

おうちの人が健康診断で、血液検査をやることがあるよね。血に入っているものとか、影響が出ているものを調べて、この数字よりも高いと病気、低ければちょっと安心などというけれど、そこで健康だといわれても、次の日に病気になることはいくらだってある。

　あくまでそれは目安で、絶対的に決まったものではありません。

　大人と子どもについても、「働いていないのが子どもで、働いているのは大人」といっても、世界では、8才や9才でお給料をもらって働いている子どもがいくらでもいる。

　それはよくないと世界中の人はいうけれど、条件というのは、国や地域、住んでいる人のものの考え方で変わる。だから、範囲も変わります。

条件と範囲を考える

　さあそこで、「正方形も長方形なのか」ということについて。①正方形と長方形の範囲を考えていきましょう。

①

　低学年のみんなは「ま四角」といいますが、「**正方形**」**というのは、全部の辺が同じ長さで、かどが全部直角であることが条件**です。②直角を示すマークは、カギ型（左）もあるし、正方形を描く書き方（右）もあります。

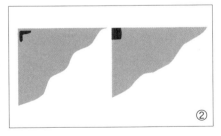
②

　では**長方形はというと、向かいあう辺、つまり反対側の辺の長さが同じで、かどが直角**。

　正方形と長方形の区別は、正方形は全部の辺の長さが同じで、長方形は向かいあう辺の長さが同じということ。かどが直角なのは両方とも同

じだね。

　では、問題。「長方形は正方形でしょうか」。長方形の条件は「向かいあう辺の長さが同じ」ことだから、となりあう辺の長さはちがっていていいけれど、正方形ではダメ。だから長方形を正方形とはいえません。

　じゃあ、「正方形は長方形でしょうか」。正方形の条件は、「全部の辺が同じ長さ」だから、向かいあう辺の長さも同じだよね。ということは、正方形は長方形の仲間になるといえるね。

ベン図を使って

　条件が変わると、範囲も変わります。それを示したのが、③この図です。**長方形という範囲があり、このなかに正方形も入ることができます。でもだからといって、長方形が全部正方形ではありません。**

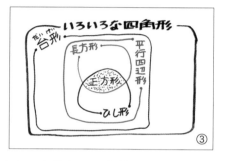

　この図は難しいでしょ？　でもたぶん、高学年や、大学生になっても使えるんじゃないかな。ベンさんがつくったので、「ベン図」といいます。

　では、「ひし形」を考えよう。ひし形は、4つの辺の長さが全部同じです。でも、かどは直角じゃない。だから正方形ではありません。

　だけど、正方形をななめにかたむけると、ひし形になっていない？ひし形の条件は「4つの辺の長さがみんな等しい」というだけですから、正方形もひし形なんです。

　範囲を考えるとき、条件がとても大事です。条件はなにかと考えて、その条件にあてはまるか、あてはまらないかということを考えます。

「美しい」という条件

　みんなのまわりには、④なぜ、このような「丸」や「三角」や「四角」が

いっぱいあるのでしょうか。

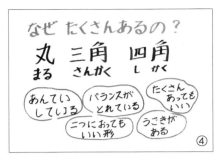

　これらはどういう形かというと、まず安定している。バランスがとれている。それに、たくさんあっていい。タイルのようにたくさんあっても、気にならないよね。石畳なども四角が多いでしょ？

　それから、ふたつに折ってもいい。三角をふたつに折っても、きちんとまた三角になる。丸は、折るときれいに半月になる。そして、動きがある。丸は、コロコロとまわりそうだよね。

　「丸」や「三角」や「四角」のように、ボクたちの生活にあふれている形には、ひとつの条件がある。それは、「美しい」ということ。

　算数や数学の世界で「美しい」というのは、こういうこと。安定していたり、バランスがとれていたり。さっき見てきた、長方形や正方形、ひし形というのは、美しいわけです。

形で「仲間分け」するとき

　算数ではよく「仲間分け」をしますが、仲間分けとは、範囲を決めることです。それには、いろいろな条件があります。**その条件がいくつあるか、その条件が細かいかどうか、そういうことがとても大事**です。物の形を考えるときは、範囲や条件を考えながら勉強してください。

　みんなの楽しい毎日の暮らしには、どんな条件が必要だろうね。そんなことを考えてもいいんじゃないかな。

　では今日はここまで。また見てくださいね。さよなら。

　　　　　　　　授業動画URL　https://japama.jp/okazaki_class_ls3-1/

解説 低-1 〈数と形の世界〉
正方形は、長方形？

授業動画はこちら←

　学校ではいくつかの四角形を示して、正方形、長方形、ひし形、台形……と分ける学習をします。この種類で**分けるという作業は、これからの学習ではとても大切な「分類」という考え方の基礎になるのです。**

　ボクは低学年からベン図を使って授業をしてきました。1年生からいろいろな場面で使います。たとえば、「明るい色と暗い色」「好きなこときらいなこと」「男子のおもちゃと女子のおもちゃ」などです。

　図工から学級指導まで、ベン図を発案した**「ジョン・ベンさんと考えてみよう」**という言葉で始めます。

　さて、授業でとりあげたように特別な四角形は名前がついていますが、ついていない四角形がかわいそうだという意見をいう子がいて、いろいろな四角形を「ジャガイモ四角形」と名づけたことがあります。ジャガイモはいろいろな形をしているからです。

　四角形ではさらに、ひとつの角が180度以上ある凹四角形というものもあります。「4つの頂点、4つの辺」があれば四角形と呼びます。

　こうした図形は、**折り紙やタングラム（図形を組みあわせてするパズル）などを経験することでおもしろくなる**と思っています。

　「分類する」という学習は、授業でも話したように、とても重要な「思考の方法論」です。単に数理科学だけでなく、社会科学や生活にも大切なのです。分類は同時に条件と判定という作業が付随します。

　「黒人※1と白人の差別問題」を考えるときでも、**この分類と条件と判定にどれほどの意味と妥当性があるかということを考えることは大切**なのです。

※1 「黒人」でなく「アフリカ系アメリカ人」という言い方もある。日本人やアジアの人を「黄人」とはいわないからね。人間を色で区別することには慎重なほうがよい。

92　シーズン3　低学年

シーズン3 低-2 〈暮らしと科学〉

「わすれもの」を なくしたい！

動画はこちら↑

　こんにちは。今日は忘れ物についてお話しします。忘れ物が多い人、少ない人、中くらいの人、いろいろだと思いますが、聞いてください。

ランドセルを忘れた！

　1年生のみなさんは、あまり忘れ物はないかもしれませんが、高学年になると、いろいろ忘れてきます。

　いちばんびっくりしたのは、ランドセルを忘れてきた子。朝、集団登校の集まる場所まではもっていたんだけど、そこで、みんなで遊んだりおしゃべりしたりしていて、置き忘れたんだね。

　それから、朝あわてて起きて、パジャマのズボンをはいてきた人もいましたね。超かっこ悪かったけど、しょうがない（笑）。

　でも、そういう忘れ物はあまり多くありません。

3種類のタイプが多い

　よく忘れてくるものには、①3種類あります。

　ひとつは、ノートや教科書、えんぴつ、定規といった、**毎日たいてい授業で使うもの**。赤えんぴつを忘れる人もけっこういます。

　あんまり忘れ物が多いと、「明日

```
● ランドセル、服、
  ノート、きょうかしょ、えんぴつ…
           定規、コンパス
● 体育服、エプロン、習字道具
   水着、マスク
● プリント、集金、大切な書るい
                        ①
```

2 「わすれもの」をなくしたい！　93

の学校の用意をしっかり見てあげてください」とお家の人にお助けを頼むこともあります。

　それから、体育の服、給食のエプロンやマスク、習字の道具のように、**たまにもってこなきゃいけないもの**。

　それでも、体育の服やエプロンなどは、月曜日にまとめてもってくるから忘れにくいんだけど、お習字や絵の道具は、週のまんなかぐらいにあると、どうしても忘れちゃう。たまにもってこなきゃいけないものは忘れやすいので、注意したほうがいいかな。

　でももっと困るのは、**大切な書類とか集金、お家の人にわたさなきゃいけないプリント**です。個人懇談や家庭訪問、修学旅行のことなどを細かく書いたプリントをわたし忘れていると、先生たちはすごく困る。

頭のなかはどうなっている？

　「忘れる」とは、どういうことか。②このイラストを見てください。人間の頭のなかの記憶には、ふたつの層があります。

　まず、聞いたり見たりいわれたりしたことが入っていく記憶の場所がある。そしてここから、ふたつの道に分かれます。

　ひとつは、**忘れないようにしっかり記憶する道**。もうひとつは、**もういらないからと、ゴミばこに捨ててしまう道**。

　たとえば一週間前の給食のパンのかたさなんて、覚えていない。それは、ゴミばこに捨てたからです。そうしないと、頭のなかがパンクしちゃう。忘れることはとても必要なことです。

　それから、たとえば小さいころのことでも、誕生日にうれしかったことや、しかられたことなど、覚えて

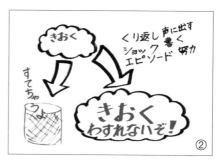

いることがあるでしょ？　それは、忘れないぞと頭が記憶したんです。

捨てちゃうのが早すぎる！

ゴミばこにすぐ行くほうはともかく、どういうものを忘れないかというと、勉強も同じだけど、くり返し声に出したり書いたり、忘れないように努力したこと。あと、すごくショックなことも忘れません。

それから、物語のように楽しかったりくやしかったりするエピソード。「お母さんにこんなことをいわれて、こんなことをした」というようなエピソードも記憶します。

こういうものは「忘れないぞ記憶」に入っていく。では、みんなが学校で「忘れ物をしないように」といわれる記憶はどっち？　これはじつは、「捨てちゃう記憶」なんです（笑）。だから、忘れ物の多い人は「ちゃんと捨てている」ということ。ほんとうは、それでいいんですね。

だって「来週の火曜日に習字の道具をもってきてください」といわれても、また次の週は硬筆かもしれない。そのとき、前の記憶を捨てておかないと混乱するよね？　大人になって覚えておく必要もありません。

だから必要のない記憶はどんどん忘れていくのがふつうです。だけどみんながしかられるのは、「早くゴミばこに捨てすぎる」から。

いらなくなるまでの「ちょい記憶」

そこで人間には、ちょっとだけ記憶しておく「ちょい記憶」がある。「忘れないぞ記憶」は、忘れようと思ってもなかなか忘れられませんが、「ちょい記憶」は、いらなくなったら捨てられます。

なんで「ちょい記憶」をすぐ捨てちゃうか、③なんで忘れちゃうか。

それは「(1)どうでもいいことだから」。たとえば、「習字の道具をもってくるより、もっと大事なことがある」と、習字の道具をもってくることは、完全に、すぐ、ゴミばこに捨ててしまう。それから、「いまやらな

2　「わすれもの」をなくしたい！　　95

くちゃいけないことがある」ときも。

もうひとつは、「(2) しかたがない**から**」。たとえば体育がだいきらいな人が体育の服を忘れるのは、いやなことで頭のなかがいっぱいになると困るので、捨てちゃうんですね。そうやって自然に消えていく。

> ### なぜわすれるのか
> (1) どーでもいいことだから。
> ◎もっとほかに大切なことがある
> ◎今、やらなくちゃいけないこと
> (2) しかたがないから。
> ◎頭の中がいっぱい！
> 　しぜんにきえていく　　③

忘れないために・もし忘れたら

忘れないために大切なのは、そのことを「大事」「やったほうがいい」と思えること。楽しい遠足のおやつやおべんとうを忘れる子はいません。でも生活は楽しいことばかりではないから、「ちょい記憶」のために④なにができるか。

> 連らく帳, メモ, しるし,
> 友だち, 親 にたのむ.
> 机や道具のせいりせいとん
> 忘れたときにどうするか？　④

まず、連絡帳やメモ、手に書くなど、いろんなしるしをつけること。

そして、困ったら友だちに頼もう。仲のいい友だちをつくっておきましょう。借りられないものもあるけどね。親にも「明日忘れないように声をかけてね」と頼もう。親もいそがしいから難しいかもしれないけど。

あと、机や道具の整理整とん。すぐ出せるように置いておこう。きれいな机の上にエプロンを置いておいたら、朝わかるでしょ？

忘れたときはどうするか。謝らなきゃいけないときは、謝ってください。先生にしかられるのを覚悟で、先生にいってください。

忘れ物がないのがいちばんだけど、**人間は忘れる動物ですから、忘れない努力が大事**です。じゃあ今日は、ここまで。さよなら。

授業動画URL　https://japama.jp/okazaki_class_ls3-2/

低-2〈暮らしと科学〉
「わすれもの」を なくしたい！

授業動画はこちら←

　小学生の親からの相談で多いのが「どうしたら忘れ物がなくなるでしょう？」というものですが、それは結論からいってしまうと**「無理ですね」**という身も蓋もない話になります。もちろん、もうちょっと成長してくれば大丈夫だとは思うのですけれど。

　頭のなかの海馬（記憶をつかさどる）に直接「記憶」を書きこめないので、**連絡帳、付箋、ウェアラブルメモ（腕に巻きつけるメモ帳）や、あるいは手の甲に書く**などという、ごく一般的なかつ伝統的な方法しか提案できません。最近はスマートホンなどにAIで音声入力しておけば、登校時刻にあわせて「今日は、毛筆の道具を忘れないように」というアナウンスをしてもらえるかもしれません。

　私自身も机の前に洗たくばさみをたくさんぶら下げて、そこに準備品、原稿依頼書、月間予定表、お手紙の返事を書くべき人などを忘れないように努力はしています。

　ただ、**忘れ物はある意味で健康な証拠でもあります**から、神経質になりすぎるとこれまた、何度でもランドセルをひっくり返して点検するようになってもたいへんです。

　忘れたときには友だちに貸してもらう、あるいはなんとかする工夫ができるようにしなさいと、口を酸っぱくして子どもに伝えてきました。先生のなかには、「貸し借り禁止」とか、「10人忘れたら体育中止」などと卑怯なことをする人もいますが、恐怖教育は感心しません。親のなかには「忘れて困れば自分で反省するでしょう」という人もいますが、これもむつかしいですね。

　ボクはいらつくのがいやなので、忘れた子ども用に準備しておきます。いまだって、学校のなかでは、常に「ノート忘れ用のプリント」「赤ペン」「消しゴム」は持ち歩いています。

シーズン3 低-3 〈いのちとからだ〉
「しょうがい」ってなに？

動画はこちら↑

　こんにちは。今日は「障害」について考えます。みんなも、障害をもつ友だちがいたり、自分が障害をもっていたりするかもしれませんね。

不自由な部分をもっているとき

　たとえば、目が見えなかったり見にくかったりする。話すことがうまくできない。聞くことができない。体がうまく動かない。このように、病気や事故、あるいは生まれたときから、いろんな理由で①<u>不自由な部分をもっているとき</u>、「障害をもっている」といいます。

　なかには、自分の考えをうまく言葉で伝えられない障害もあります。

　小さなうちは、親やまわりの人に手助けしてもらっているけど、大きくなったら、ヘルパーさんや介護士さんに手助けしてもらって、アパートなどで暮らすこともできます。社会にはそういう人がいっぱいいます。

> 目がみえない。
> 話すことができない。
> 自分の考えがせつめいできない。
> ひとりでくらせない。
> 〔たすけがいる〕
> ①

　障害をもっている人を「障害者」といいます。障害をもっていない人は、「健康な人」とよくいわれますが、「健常者」といいます。

　でも「障害者」と「健常者」をどうやって分けたらいいかは、よくわかりません。簡単に分けるのは難しいと思います。障害をもっている人は、たしかにちがうところがある。車いすの人は、車いすを使ってない人と

98　シーズン3　低学年

ちがうね。でも、**同じところや似ているところもいっぱいあります**。
　暮らし方や体や心にはちがいがあるけれど、そういうところに目を向けると、この区別はたいしたことではないんじゃないかと思います。

困っているとき、どうする？

　でも、大事なことがあります。
　障害をもつ人は、健常の人より②困っていることが多いかもしれません。そのときは、「**手伝って**」「**助けて**」といいます。そうしたら、自分が困っていない人は、「**手伝おうか**」「**助けようか**」といいます。
　でも、友だちがなにか困っていたら、障害があってもなくても、助けたり手伝ったりするよね。困っている人に出会ったとき、それと同じようにできれば、障害があってもなくても、いっしょにうまく生活ができます。

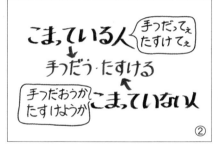

　困っている人も、「困っているからお願いします」といえると、いちばんいいです。話すことが不自由だったら、書いたり動作で示したり、いろんな合図をしてもいい。
　「困っている人」と「困っていない人」は、反対になることもある。立場は、いつでも変わります。

助けあえる世の中のために

　でも、友だちや家の人、町の人、お役所の人が、一生懸命に応援しても、③助けやすい社会になっていないとダメです。

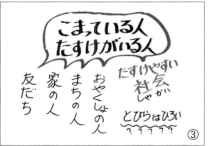

3　「しょうがい」ってなに？　　99

たとえば、お店の入り口に段差があったりせまかったりしたら、車いすの人は入れないでしょ？　岡崎先生が前にいた学校は、エレベーターがあって車いすの人が自由にあがることができました。町のなかでは、段差がなく、車いすでスムーズに行けるところも増えてきましたよね。

施設や建物、公共のものが、困っている人が暮らしやすいようになっていることが大事です。これを「バリアフリー」といいます。

みんなが社会のなかで助けあえるというのは、とてもいい世の中だと思いますが、その「助けよう」という気持ちをうまく使えるように、このように、社会が整備しなければいけないこともあります。

そのほか、ヘルパーさんや介護士さんのような専門の人が、障害をもつ人たちのお手伝いできるようにすることも大事。

たとえば、1人で呼吸をするのが難しく、人工呼吸器をつけて暮らしている人は、看護師さんがそばにいたら安心ですね。特別な機械を使ったりする場合には、どうしても専門的な人が必要になります。

それからさっきいった、建物や道路を整備すること。みなさんのまわりにも、目の不自由な人のための点字があるよね。

そして、優しさいっぱいの人がいれば、いいですね。

こんなふうに思ったことない？

これで終われるとハッピーだけど、こんなふうに思ったことない？「車いすをおして」といわれて、「めんどうだなあ」「えーぼくがやるの？」。これはよくないことかな？　でも、そういう気持ちになる人はいるよね。

障害をもった人のほうでも、車いすの人が「もっと上手におしてよ」とか、目の不自由な人が、健常な人の肘のところを持って歩いているとき「もうちょっと早く歩いてよ」とか思っているかもしれない。「私の気持ちわかってくれないわね」と思っている、障害をもつ人もいると思う。

でも、そういう気持ちを無視しちゃダメだと思うんです。我慢じゃなくて、乗りこえていかなきゃいけない。そのためにはどうしたらいいか。

いっしょに生活することで

　できることは、ふたつしかないと思っています。ひとつは、障害をもっている仲間といっしょに生活をすること。

　小さいころから車いすの人がそばにいると、車いすをおすのがすごく上手になります。悩まずに自然にやれる。あたりまえになるんです。

　目の不自由な人は、こういうところで困るとか、耳が聞こえない人は、字で書いたり、口を大きく開けて話したりするとわかりやすいとか、そういうことがわかっていきます。

迷惑をかけないなんて、無理！

　もうひとつは、④迷惑をかけないで生きることは無理だということ。健常の人でも障害のある人でも、失敗したり、何回やってもよくわからなかったり、まわりに迷惑をかけることは、だれでもある。

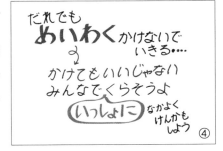

　だからおたがいさま。迷惑だって思わなくていい。車いすをおしてもらって「申し訳ない」とか、おすほうも「もっと感謝しろよ」と思う必要はないんじゃないか。もし自分が事故や病気で障害をもったら、だれかの助けを借りなきゃいけなくなります。

　そういうふうに考えたら、時々ケンカもしながら、仲よくいっしょに暮らせるんじゃないかな。じゃあ今日はここまで。さよなら。

　　　　　　　　　授業動画ＵＲＬ　https://japama.jp/okazaki_class_ls3-3/

解説 低-3〈いのちとからだ〉
「しょうがい」ってなに？

 授業動画はこちら→

　学校で障害児というと、すぐに特別支援学級ということを思いうかべます。しかし、最近はインクルーシブ教育という「みんないっしょに学ぶ」という方向で「支援」がされるようになりました……といいたいのですが、まだまだ不十分です。

　障害を考えるときにボクがいちばんいいたいのは**「みんないっしょに生活すればいい」**ということですが、「みんな同じ力の子どもにならなければならない」のかということには疑問があります。「勉強がみんなできなきゃいけない」となると、つい「べつべつに能力別に、その子にあった学習をしたほうがいいんじゃないの？」という人が多くなるのです。

　じつは「みんないっしょに生活する」ということは、ある程度のできふできを予想していなければなりません。「がんばる」ことと「できる」こととはちがいます。**がんばってもできないことはたくさんあります。**

　足に障害があれば、みんなといっしょに同じスピードで歩けません。車いすならば、いくらがんばっても山道を1人では登れません。

　ボクは「身近に障害をもった人がいて、できるだけいっしょに暮らせれば慣れるし、つきあい方もわかる」と思っています。

　障害も「個性」「多様さ」「在りよう」です。それは**障害がない人だって「個性」「多様さ」「在りよう」がちがうのとほぼ同じです。**すごく支援が必要か、そんなに要らないかというちがいはありますが。

　ちがいのある人がいっしょにいればめんどうに決まっています。つまり、障害をもった人といっしょに暮らすのも同じです。どんな人でもいっしょに暮らすことはめんどうなのです。

　人はこうしためんどうさから逃げることはできません、たぶんね。**どうせめんどうなら、それを楽しくやりたい、ラクにやりたいとおたがいが考えればいい**のです。

シーズン
3

中学年の授業

シーズン3 中-1 〈数と形の世界〉
円周率

動画はこちら↑

みなさん、こんにちは。今日は円周率の勉強をしましょう。

いつまでも計算が続く「無理数」

①「円周率」、ちょっと言葉が難しいね。言葉で説明するとわかりにくいけど、円周率というのは、円周（円の周りの長さ）が直径（円の中心を通るまっすぐな線）の何倍かを表す数字をいいます。

円周を直径で割ると何倍になるか。それを計算したり測ったりすると、円周率が出てくる。実際に計算してみると、3.1415926535897932384626433832795……とまだまだ続いて、2020年の現在、コンピューターの計算で50兆桁まで出ています。

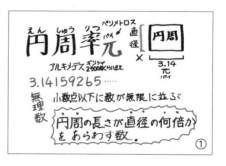

「円周率の日」というのもあって、ホワイトデー、3月14日だそうです。

円周率はいつまでも続くので「無理数」といいます。なかには、これを100桁、200桁ぐらい覚えている人もいるようですが、みんなは、少数の2桁、「3.14」ぐらいまで覚えておいたほうがいいかな。

まるいふたと本を使って

比較的正確にできるやり方で、実際に円周率をみんなに出してもらい

ましょう。

　まず、まるい蓋(円)を使って円周を出します。蓋のまわりに紙を巻いていき、その巻き終わりが、巻きはじめにくっつく寸前のところにしるしをつけてハサミで切る。そうすると、この紙の長さが円周です。

　直径は、ものさしで適当に測ってもいいんだけど、いま中心がわからないよね。中心がわからなくても、直径を出す方法があります。

　②本を2冊立てて、蓋を本と本のあいだにはさみます。そうするとこの円の直径は、本と本のあいだの距離になるので、それをものさしで測ればいい。同じ大きさの本を使えば、高さがそろって測りやすいよ。

　さっき出した円周を、この直径で割ると、円周率が出てきます。

　円周率のことを、算数や数学では、「π」というギリシャ語で表します。小学生ではあまり使わないけど、頭に入れておいてもいいね。

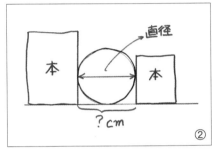

　「π」は、だいたい「3.14」。だけど、数字で書かずに「π」という文字で表す。大きくなると、文字で式を書くので、そのときに便利です。

「かけ割り図」でおさらい

　一度、円周率の関係をおさらいしましょう。先生は③「かけ割り図」というのをよく使います。「円周」は「直径×円周率の3.14」。これ、どこかで見たことない？

　そう、かけ算です。かけ算の勉強をしたとき※1、「1あたり×いくつ分」

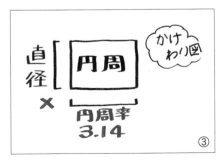

1　円周率　105

をやったでしょう？　そのときに出てきた図だね。図形の面積を出すときの「たて×よこ」も同じ考え方です。

　「**直径**」がわからないときは、「**円周÷3.14**」。ここは割り算。さっき、「**円周率**」がわからないときは「**円周÷直径**」をやったよね。

　「かけ割り図」は、これからもいろんなところで使うと便利です。だからちょっと頭に入れておいてほしいな。

練習問題をやってみよう

　じゃあ、練習問題をやってみよう。

　直径4cmの円周はどれだけですか。さっきのかけ割り図を見てもわかるけど、直径がわかっていて、円周がわからないから、「4cm×3.14」を計算する。

　だいたいいくつになる？　こういうとき、もちろん細かく計算していいし、やってほしいんだけど、まずパッと見て、「**3×4＝12**」だから、12cmぐらいだなと頭に入れて計算すると、**あんまりミスがない**。

　じゃあこっちの問題はどうですか。半径4cmの円の円周は？　これはよくまちがえるんですが、どうまちがえるか、わかる？　**まちがいを予想することはとても大事**なんだよね。

　そう、この4cmをいきなりかけてしまう人がいますが、「直径×3.14」ですから、「半径」をかけちゃダメ。半径の2倍をして直径を出してから、3.14をかける。

　こんなふうにすると、円周や直径の問題も簡単に解けると思いますよ。計算はめんどうくさいけど、ちょっと我慢（がまん）してください。

地球の半径が1mのびたら？

　じゃあ、ちょっと不思議な問題を考えてみよう。④地球の半径が1mのびたら、円周はどれくらいのびると思いますか。

地球は、完全な「円」じゃないんだけど、ここでは、「円」と考えましょう。直径や半径はわかりません。実際に地球を割って半径を測るわけにはいかないので、難しいね。

④

こういうときは、測れるもので1回やってみます。たとえば、半径8mの地球と考えてみる。

直径は半径の2倍だから、半径8mの2倍をして、3.14をかけると、円周が出ます。電卓でやってもいいよ。そうすると円周は、「50.24」。

半径が1m増えると、9mになるね。半径9mの場合は9×2×3.14。これを計算すると「56.52」です。どれだけ増えているかというと、「6.28m」。半径を1m増やすと、だいたい6mくらい増えるんだね。

今度はもう1m増やして半径10mでもやってみよう。そうすると、これもやっぱり「6.28m」、6mちょっとしか増えません。

地球も半径が1m増えても、円周は6mくらいしか増えない。

円周率は一定

円がどんな大きさでも、円周率はまったく同じ。だから、こういう小さな円だろうと、地球だろうと、半径を1m増やしたら円周が6mぐらい増えるのは同じなんです。

円周率は、どんな円にもあてはまって、円周と直径の割合は同じということですね。じゃあ今日はここまで。さようなら。

授業動画URL　https://japama.jp/okazaki_class_ms3-1/

※1　『小学生の授業　シーズン1』(小社刊)より「中学年5　かけ算ってなに？」(56ページ)参照。授業動画は右のQRコードよりご覧いただけます。

解説 中−1〈数と形の世界〉
円周率

授業動画はこちら←

　授業では円周率の不思議さと神秘さを感じてくれるといいなあと思います。「おかざき学級」の動画を編集・作成してくれている新津さんは、小学生のころ、円周率を50桁くらいまで覚えていたと話してくれました。いるんだよね、そういう小学生。すごいよ。

　円周率のように、**いつまでたっても並ぶ数字に規則性がなく続く数列を「無理数」**といいます。無理数のいちばんの代表が円周率です。次がルート2とかすっきりしない平方根です。あとは、いろんな定数などでよくでてきます。

　「ゆとり世代は円周率を3で教えられたために学力が低下した」などというようなデマがとんだことがありました。現場で見るかぎり、まったくそんなことはありません。同僚たちも、研究仲間もみんな3.14で教えていました。

　そもそも、円周率を3として使うことを教えるというのは、「およそどれくらいなのかな？」という概数（およその数）学習というシチュエーションで使うのみです。

　しかしじつは、**3.14だからよくて、3ではいけないという発想自体がつまらない**のです。桁数が多ければ正確なのかというと、授業でとりあげたように、地球の規模でも1mの半径の差が、たかだか円周6mくらいの差なんですから、桁数なんてあまり関係ないのです。興味と関心があれば、何桁まで覚えていても、使ってもいいんですから。

　円周率は**実際に授業でやったように筒や円盤を使って実際に計算してみると、算数の不思議さを体験できます**。以前、運動場に大きな円を描いてやったことがありましたが、なんとか3に近い数字が出ました。3.14なんてなかなか出せないのです。

シーズン3 中-2 〈暮らしと科学〉

自由勉強、なにをする？

動画はこちら↑

　こんにちは。今日は自由勉強についてお話しします。今日は、自分1人で勉強をやるとしたら、どんな方法があるか、どんなことをやればいいかということを話したいと思います。

なにをやっていいか、わからない！

　自由勉強をしてくるようにいわれても、なにをやっていいかわからない人は多いよね。それで、つい漢字ドリルや計算ドリルをしたりする。お母さん・お父さんたちもそれでいいと思う人はたくさんいます。

　もちろんそれでもいいんですが、岡崎先生がこれから紹介する勉強もけっこう役に立つし、みんなの力にもなると思うんだよね。

　そもそも、**「自由に勉強する」**というのがちょっとヘン。もともと「勉強」の意味は「一生懸命にやる」こと。でも、「勉める」と「強い」という字は「むりやりやらされている」感じがあるし、実際にそういう面もあるよね。今日は「自由勉強」でどんなことができるか、紹介します。

公園で

　まず、①「アウトドア」の自由勉強。公園や道路など町へ出て、人に協力してもらいます。

　たとえば、**公園**にある木や花を写真にとって、その名前を調べる。わからなかったら公園の管理をしている所へ電話をして聞いてもいい。

　公園で遊んでいる子の学年や人数を表やグラフにして考える。「なん

2　自由勉強、なにをする？　　109

で3年1組の子がたくさんいるんだろう。宿題がないからかな」とか。

そこにいる人に「どうしてこの公園にいるんですか」とインタビューしてみる。「学校の勉強のことで聞きたいんですけどいいですか」と聞けば、急いでいなければ、たぶん親切に教えてくれると思うよ。

```
①アウトドアの自由勉強
  公園,道路,まちなみ
  いろんな人に協力して
  もらう。
②インドアの自由勉強
  テレビ,本,ネット
  ポスター,新聞,紙しばい
                    ①②
```

駐車場、スーパーマーケット、好きなお店で

スーパーマーケットなどの**駐車場**へ行って、車を数えたり、どんな車があるか調べたりしてもいいね。

スーパーで買い物に来ている人はどんな人が多いかを調べる。女の人か男の人か。年寄りか若い人か。時間によっても決まるよ。

人に聞いたり、人に聞くのがはずかしかったら、どんな売り場がいちばん混んでいそうかを見たりして、メモするといいね。

おもちゃ屋や本屋など、**自分の好きなお店**を紹介してもいいです。「こんなものを売っています」「こんなものが割引になっています」。お店の人に聞いて「このお店はこんな特徴があります」。「働いていて楽しいですか」「困っていることはなんですか」とインタビューする。

いろんな人に聞いてみる

「50人に聞きましたシリーズ」もいい。外にいる50人に「ラーメンとカレーとどっちが好きですか」と聞いてみて、表にする。「公園にいる人の好きな遊びを聞きました」と、その遊びを書いてみてもいいね。いちばん多かったのはなにか。

外で、いろんなものを観察したり、インタビューしたりして、それを

110　シーズン3　中学年

メモするだけで、とってもいい「自由研究」になります。

テレビやゲーム、新聞、紙しばい……

②「インドア」は、雨の日や外へ行くのが好きじゃない人におすすめです。見た**テレビ**の番組について、おもしろい言葉やセリフ、登場人物、俳優さん・タレントさんの名前を書く。あらすじを紹介する。

それは**本**でも、**ゲーム**でもいい。「こういうところがおもしろいです」「こんな経験をしました」「どこで買ってもらったかというと……」。それを1枚の紙に書いたら、ポスターになる。新聞にしてもいいです。

「『うそ日記』を書く」のときに紹介した矢玉四郎さん[1]は、**「うそ新聞」**もつくっていました。それもいいよね。あと**紙しばい**。先生にお話ししたり、みんなに発表したりしてもいいです。

工作やデザイン、科学や体育でも

③「工作・デザイン」もできます。小物をつくったり、**歌**をつくったり。**写真**をとったり、**小さいジオラマ**を1ヶ月くらいかけてつくったりしても、おもしろいんじゃない？　**マンガ**で、「今日の学校の勉強の様子」「今日いちばんいやだったこと」など描いてもいいよね。

④理科や科学が好きな人は、**図鑑**を写す。絵や写真をきれいに写して説明を書いていくというのは、とてもいい勉強になるんだよ。

それから、**エコ生活**。「ぼくはトイレットペーパーの紙はたくさん使いません。こんなふうに使っています」とか。

そして最近はやっている、SDGs。環境問題や、友だちに優しくすること、病気を治そうと思うこと、人に

③工作,デザイン
　小物づくり,歌,カメラ
　ジオラマ,マンガ
④理科・科学・体育
　お出かけ観察,エコ生活
　SDGs,スポーツ研究
③④

2　自由勉強、なにをする？　111

本を読んであげること、いろんなことが入ります。地球に優しいことをすること。

　スポーツの研究。野球のルールがこう変わったとか、好きな選手の話。

やっつけ、テキトウ！

　めんどうくさいなという人には、⑤「やっつけ、テキトウ」もある。

　親の子どものころの失敗談を聞いて書く。おやつをもって、遠くじゃなくていいから、**遠足に行く**。ノートに、「おやつをもって、どこどこに遠足に行きました。これを見ました……」と書いていく。

　「**学校ごっこ新聞**」。友だちとやったり、人形を使って、自分1人でやったり。それを絵に描いたり、作文に書いたりする。それは「うそ新聞」や「うそ日記」と同じだね。

　そのほか、お手伝いなど**人のためになること**をしたり、**好きな手品の練習**をしたり。

　いろんなところへ行って、いろんな人と会って話をしてほしいなと思います。そうすると、きっといい自由勉強になると思います。

　じゃあ今日はここまで。楽しくやってください。さよなら。

　　　　　　　　　授業動画URL　　https://japama.jp/okazaki_class_ms3-2/

※1　矢玉四郎さんは、『はれときどきぶた』シリーズ(岩崎書店)の著者。「シーズン2・中学年3『うそ日記』を書く」(本書46ページ)参照。授業動画は右のQRコードよりご覧いただけます。

112　シーズン3　中学年

解説

中-2〈暮らしと科学〉
自由勉強、なにをする？

授業動画はこちら←

　「自由勉強」とか「自由学習」とかいう言い方で、中学年くらいになると「毎日ノート1ページ分、自分でなにか考えて勉強してきてください」という宿題を出すことがあります。

　これは、家庭学習の習慣をつけたい、自分で工夫して学習することを体験させたいという目的だと思います。

　しかし、日記の宿題と同じで「なにやっていいのかわからない」とか「毎日、結局、ドリルや問題集というワンパターン」ということになっている子も大勢います。

　あるいは、**とにかく1ページを埋めればいいんだ！** と漢数字の「一」をノートに練習した子もいます。担任にこっぴどくしかられたようです。しかも「自由な学習なんだから、いいじゃないか！」とくちごたえしたらしいです。（これがだれだかはいいません。名前に「お」がつきます）。

　とりあえず、この授業では、**いろいろなことができるんだよということが子どもたちにわかってもらえるといいなあと思います。そして、楽しんで、おもしろがってやってくれればいい**のです。先生にしかられないギリギリのテーマのつもりです。

　多くの先生は「主体的対話的」学習などといっていますが、これはとても難しいのです。そもそも、**学習というのは「自由」が基本**なのです。自由のないところに学習など存在しません。

　小学校は基本的な学習が……とかいいますが、基本的な学習のなかにも想像力や発想の転換、多様性、興味や関心が重視されなければならないのです。残念ながらいまの学校の子どもたちの学習は「成果主義」「正解主義」に偏っているのではないかと思います。

　今回の自由勉強の例は、ほんらいの勉強に近いとボクは思っているのです。

中-3 〈暮らしと科学〉
じしゃくと電流

動画はこちら↑

みなさん、こんにちは。今日は、磁石と電流の実験をしながら勉強します。

くっつくものは、どれ？

磁石には、くっつくものとくっつかないものがある。磁石がどんなものをひきつけるのか、実験しましょう。どうなるかな？

まずハサミは……くっつきます。硬貨は……くっつきませんね。強い磁石にしても、ダメ。クリップはどう？……ちゃんとくっつきました。

くっつくものは、「鉄」ということは、おぼえておいてくださいね。

えんぴつはどう？……これは木だからくっつかない。でもこうやって、①1本のえんぴつの上にのせて、ゆれるように不安定にすると、くっつくんだよ。持ちあげることはできないけど。これは、えんぴつのまわりの塗料に鉄分が入っているからです。

次、スプーン。これは鉄みたいだけど……くっつかないね。これは、「ステンレス」だから。「ステンレス」は、「ステン＝さび（よごれ）」「レス＝ない」で「さびない」という意味。

鉄がほかの金属とまぜてあるので、くっつきません。

そして、ものさし。これはプラスチックだから無理。

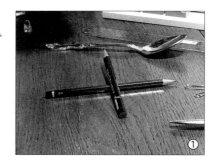
①

最後に、1万円札。これも、折って針金の先にのせて不安定にしておくと……くっつきますね。これは、1万円札の印刷部分に鉄分が入っているから。でも、弱い磁石だと難しいかもしれません。

　えんぴつや1万円札は、動きやすくするとくっつきました。**動きやすくすると、微妙な力が発見できます。**

電流が通るものは、どれ？

　次に、電流が通るものはなにか、実験をやります。実験装置は、豆電球と電池をつないでつくります。②回路を書くとこうなる。「？」と書いてあるところに物をはさんで、電気を通すか実験します。

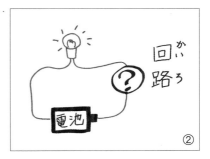

　まず、500円玉。……つきましたね。1円玉も……つきましたね。硬貨は金属なので、みんなつきます。50円玉や10円玉も試してみて。

　クリップは……つく。ものさしは……つかない。ものさしの端と端は遠いから、近くではさんでみようか。……やっぱり、つきませんね。

　えんぴつは……通さないね。さっき磁石の実験で見たように、塗料に鉄が入っているから電気が通ってもいいんだけど、乾電池じゃ弱いかな？

　それから、水はどうですか。水は電気を通すというよね。やってみるよ。あれ、つかないね。電気は通さない……のかな？

家のコンセントにつないでみると

　さっきの磁石の実験で、強い磁石にしたみたいに、強い電流にしてみたらどうだろう。乾電池じゃなくて、家の電流を使うために、コンセン

トにつないでみようか。この実験は、大人の人と気をつけてやってね。

さっきダメだった、えんぴつはどうだろう？……やっぱり無理だね。

じゃあ、水は……つきましたね。水は電流を通します。じゃあ、食塩水は、水よりよく電気を通すか、通さないか、いっしょか。どうでしょう？……③<u>つきました。前より明るく感じない？</u>　食塩を入れると、電気をよく通します。

牛乳もジュースも、よく電気を通します。それはつまり、「イオン」※1がたくさん入っていて、動き出すということ。食塩もイオンです。

大切なのは、「程度の問題」

磁石の実験でも、磁石の強さを変えたり、物を動きやすくしたりすることで、結果がちがいました。結果がはっきりしたよね。ただやるだけじゃダメで、どの程度でいいか、そのときの条件を考えていく。

電流を通す実験でも、乾電池では通らなくても、家庭の電流だったら通ることもありました。雷に打たれると、人間も電気が通ってしまいます。すごい強い電流だと、なんでも通っちゃうかもしれない。

こんなふうに、磁石を動きやすくしたり強くしたりする。電流を強いものにする。そうすると、実験の結果が変わってきます。これを「程度の問題」といいます。今日は、このことがいいたかったんです。

科学的に考えるには

なんでもそうだけど、科学的に考えるときは、④<u>程度の問題を考えること</u>が大切です。

116　シーズン3　中学年

背が「高い」「低い」も、くらべる人によってちがう。テストの点が、平均点より上ならみんな喜ぶかもしれないけど、易しい問題では、いい点をとってほしいし、難しい問題だったら、悪くてもしょうがない。

いつも人とくらべていると、なにが大事かわかんなくなってしまう。見た目だけで決めない。

なにが、幸せ？ 不幸せ？

お金持ちと貧乏もそうだね。使いきれないぐらいのお金や、食べきれないほどのご飯があっても、しょうがない。でも、食べるものがないほどの貧乏だと、困る。

なにを「幸せ」「不幸せ」というかも、自分でよく考えないといけません。病気がこわいからといって、外にまったく出ないと具合が悪くなるし、かといって、「なんでも大丈夫」と平気で外に行って、病気になっちゃう人もいるかもしれません。**人間の生活は、「程度」を考える。「自分はどの程度がいいか」というのを考えるのは、とても大事**です。

今日は、科学には「程度」という問題があるという大事なことを話しました。では今日はここまでにします。さよなら。

授業動画 https://japama.jp/okazaki_class_ms3-3/

※1 イオン……すごく簡単にいうと、電気の性質と力をもった目に見えないつぶです。「電流」とか「電気が流れる」というのはこのイオンのつぶが動きまわるということです。食塩のように、もともと電気の性質をもちやすいものが水に溶けると、プラスイオンとマイナスイオンに分かれ、激しくあっちへいったりこっちへいったりして電流が流れるのです。

　牛乳にはカルシウムが入っているけど、これもイオンがいっぱいです。イオンの少ないふつうの水は塩水にくらべて電球が暗くつくのです。

3　じしゃくと電流　117

解説 中-3〈暮らしと科学〉
じしゃくと電流

授業動画はこちら←

　「程度の問題」は非常に重要なテーマだと思っています。**どうも世の中は「あれかこれか」とか「白黒はっきりさせる」ことが好きなようです。**

　でも、そんなに簡単じゃあないのです。一番か二番かとか、役に立つか立たないかなど「判断・決断」には複雑な要素がからむことが多いのです。

　「水は電気を通します」が、知識として知っていても、実際にやってみた人は少ないのです。この授業のように実際に豆電球でやってみるとつきませんが、いったいどうしてでしょうか？　知識がまちがっているのか、実験がまちがっているのか？

　つまり、強い電流なら通すのです。磁石でも1万円札のインクの鉄分を感じとるくらいの強い磁石なら動かすことができるわけですね。そして、微妙な引きつける力でも動くようにしておけば動くのです。

　こうした自然科学のなかでも、けっして「1＋1＝2」にならないこともあるのです。つまり、**「条件と範囲」「程度の問題」が必ずあります。それを無視してしまうと、「わかりやすいがまちがっていること」が増える**のです。

　私たちの暮らしのなかでも同じことがたくさん起きています。1年生でも早生まれと遅生まれは「生きてきた時間」に差があります。でも学校で学習する内容はほぼ同じです。ですから、そうした程度のちがいに配慮があるかどうか？　というと残念ですが、それを意識している先生は少ないようです。また、**暮らしている環境や生まれつきの問題も同じです。個性のちがいは「程度の問題」なのです。**

　そう考えると、人間の生き方全体が「程度の問題」を無視した「みんないっしょ主義」ではいけないのだ！　と思いませんか。

シーズン
3

高学年の授業

シーズン3 高-1 〈数と形の世界〉
「単位量」の基本

動画はこちら↑

みなさん、こんにちは。今日は、「単位量」の勉強をします。

じつは、これはけっこう難しい話です。ものを考えるとき、ポイントを知ったからといって、簡単にわかるってものでもない。わからないところがあれば、くり返し見てもらうといいかもしれません。

単位と助数詞

「単位量」という言葉は、はじめて聞いた人もいると思います。「単位」という言葉をもう1回説明しておくね。

文章の問題を解くとき、答えには必ず単位をつけるようにいわれますね。それで、「1個」「1人」などと書きます。でも正確にいうと、それは「単位」でなく「助数詞」です。「1個」や「1人」、馬は「1頭」、ウサギは「1羽」(最近では「匹」)。お箸は「1膳」とかね。

単位というのは、「メートル」や「リットル」、「秒」や「分」など。こういうものは、**世界共通の物の量の単位で「共通単位」**といいます。「長さ1m」は、世界中どこでも同じ。これが正確にいう「単位」なんです。「かさ」の「1L」「500mL」、時間の「1分」もそうですね。

この単位の「1」、たとえば「1m」「1L」「1秒」という量のことを「単位量」「1単位量」といいます。元になる「1」のことをいうんです。

「1あたりの量」のこと

このことは、かけ算を勉強したとき[※1]にも話しましたが、じつは、か

け算で「単位量」は出てきています。

「お皿1枚あたりにリンゴが2個のっています。3皿分だと全部で何個になりますか」という問題でいえば、「お皿1枚あたり」の「あたり」というのが単位量のこと。

かけ算は、お皿にのっている数が同じじゃないと計算できませんね。この問題では2個ですが、「お皿1枚あたりの数」が単位量です。

かけ算割り算の基本のシェーマ

これは①「かけ割り図」といって、かけ算、割り算に使える図です。お皿1枚あたりに2個で、それが3皿分だから、「2×3＝6」と計算する。

その**「1あたりの量」のことを「単位量」といいます**。「1あたりの量」を求めることは、「単位量」を求めることだし、「単位量」を求めることは、「1あたりの量」を求めるということ。

だから、かけ算を勉強するときに「単位量」という言葉を使うといいんだけど、「1あたりの量」ということが多いし、「1皿にりんごが2個のっています」というように「あたり」と書いていない問題も多いね。

単位量というのは、こういうことです。

②「かけ算割り算の基本のシェーマ（模式図）」は、いろいろな問題に使えて便利なんだよ。かけ算というのは、「単位量」×「いくつ分」のこと。それで「全体」を出す。そして、「単位量」は、「1あたりの量」のことです。

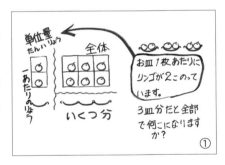

1 「単位量」の基本　　121

これを頭に入れておいてください。

いちばん混んでいる部屋は?

じゃあ、実際に問題をやってみようか。修学旅行の宿の部屋で、いちばん混みあっているのはどれ? 「12畳の部屋に9人」「10畳の部屋に7人」「7畳の部屋に6人」。

修学旅行の前に部屋割りを決めるとき、「3人用の部屋に仲よしの友だち5人で寝ていいですか」という子たちがいるんだよ（笑）。せっかくの修学旅行だから、「いいよ」というんだけど、でもあんまり混みあうと、ホコリが立って、たとえばぜんそくの子がいたりするとダメだよね。

その部屋にこれだけの人数が入ったら、せまいのか広いのか、と考えるときに、単位量を使います。単位量は、「1人あたり何畳（畳何枚分）になるか」を考えてもいいし、反対に「畳1枚に何人入れるか」と考えてもいい。どっちを単位量と考えてもいいんだよ。

人数から考えると、1人で使える畳が広いほうが空いているし、畳から考えると、1枚の畳を使う人数が少ないほうが空いているといえる。

「1人あたり」か「1畳あたり」か

③シェーマ図でいうと、こうなります。

「(1) 1人あたりの広さ」が単位量のときは、「広さ÷人数」。1人あたり何畳の広さが使えるのかというときには、人数で割ればいいです。「(2) 畳1枚あたりの人数」を出すときは、「人数÷広さ」です。

④実際に計算してみると、どうなるか。先生は電卓でやっています。みんなも電卓でやって結構ですよ。

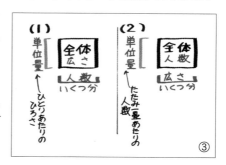

122　シーズン3　高学年

「(1) 1人あたりという単位量」で出すと、12畳の部屋は1人あたり畳が1.33枚。10畳の部屋は、1.42枚。7畳の部屋は、1.16枚。

どこがいちばん混みあっている？1人あたりの畳が少ないほうか、多いほうか。これは、1人で使える畳が少ないほど混んでいるんですね。だからいちばん混みあっているのは「7畳に6人」。ほかは、1.33枚、1.42枚使えるのに1.16枚しか使えないから。

(2)でやったら、どう？ 計算の式はちがうけど、答えはたぶん同じだよね。両方とも、どこが混みあっているかは同じはず。

畳1枚で何人使えるかというと、12畳の部屋は1畳あたり0.75人、10畳の部屋は0.7人、7畳の部屋は0.85人。どこがいちばん混んでいる？

畳1枚あたりに人が多いほど混んでいるから、7畳の部屋だよね。あたりまえだけど(1)も(2)も「混みぐあい」の結果は同じ。

大事なことは、単位量を出すとき、なにを元にするかということ。この問題なら、「1人あたり」か「1畳、畳1枚あたり」かということです。

どう？ だいぶ難しいよっていったんだけど、なんとなくわかってきた？ これを利用して、今度は消費税の計算の授業をやりたいと思います。これも単位量が関係あるんだよ。

じゃあ今日はここまで。さよなら。

授業動画URL https://japama.jp/okazaki_class_hs3-1/

※1 『小学生の授業 シーズン1』(小社刊)より「中学年5 かけ算ってなに？」(56ページ)参照。授業動画は右のQRコードよりご覧いただけます。

解説

高-1 〈数と形の世界〉
「単位量」の基本

授業動画はこちら←

　「単位量という考え方を、どうして高学年でいきなりやるのかなぁ」と思う。**単位量の考え方は、かけ算の入り口から「1あたり量」として教えるべき**だと思うのです。

　もちろん、それは数学文化の問題であって、学習指導要領をつくっている人たちの数学的センスの問題なのかもしれませんが。

元になる量（数）×割合（％など）＝比べる量（数）

　これが基本です。ボクは高学年で「モトクラワリ（元比割）の単位量の冒険」というプリントを自作して授業をやってきました。モトクラワリは女の子の名前で、女の子を主人公にして単位量を学習するというストーリー学習のテキストです。

　この単位量は、**面積問題、消費税問題、速度と距離問題、食塩濃度問題**などなど、いろいろな割合などをふくんだ問題を解くときの基本のカギとなります。

　しかし、最初のかけ算で2×3を2＋2＋2という方法で教えるので、単位量にはほど遠い話になります。「～倍（割合）」という考え方や「1あたり量」という概念が、「積＝かけ算の答え」「乗法＝かけ算」というように、かけ割り図で、もう少し早くから教えられたら、単位量の問題はそれほどむつかしくないと思うのです。

　ボクは教科書をある程度相対化して自分で教材をつくり、プリントをつくって教えてきました。しかし最近では、学校内の同調圧力もあり、それなりの覚悟が必要になります。

　現代では、**「教員はあたえられた教科書通りに教える」ことが不文律になっている**ので、「教える方法」の研究も「たこつぼ研究」に堕しているのかもしれません。

シーズン3 高-2 〈数と形の世界〉
消費税の計算

動画はこちら↑

みなさんこんにちは。今日は消費税の計算の勉強をします。

物を買うと、税金を足してお金を払うよね。その税金が「消費税」です。2019年からは10%と8%になっていますが、今日の勉強では、10%で計算しますね。

100円のノート、税こみでいくら？

「元になる値段・定価」に「消費税」を足すと、「支払うお金」が出てきます。たとえば100円のノートを買うと、消費税はその10%で「0.1」ですから、「100×0.1」で10円。払うお金はあわせて110円です。

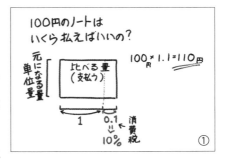

この問題を使って、①消費税のしくみをもう少し考えましょう。いま、いくら支払えばいいかはわかっていません。

「元になる量」は「単位量」といいます。「単位量」を勉強したときに出てきたように、「単位量」＝「1あたりの量」※1だね。

かけ算は、「1あたりの量」×「いくつ分」・「割合」と計算します※2が、**ここで「いくつ分」にあたるのは、元の値段の「1」と消費税の「0.1倍」（10%）をあわせた「1.1倍」**です。

だから、「元になる量・定価」×「1.1」で、支払う値段は110円になりま

2 消費税の計算　125

す。消費税のかけ割り図は、①のような形になります。

「かけ割り図」の復習

②「かけ割り図」を復習しよう。

「1皿あたり3つのっています。それが4皿あると、全部でいくつある？」という問題を表しています。「1あたりの量」×「いくつ分」で「全体」が出るから、「3×4＝12」。

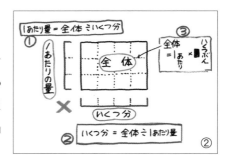

この「1あたりの量」×「いくつ分」＝「全体」と同じしくみで、「元になる量・定価」×「1.1」＝「支払うお金」を考えられる。

支払う金額がわかっているとき

では今度は、消費税も入れて100円にするには、元の値段がいくらのノートを買えばいい？

さっきは10％の消費税を足して110円になったけど、じつはこの子、100円しか持っていかなかったんだ。消費税もあわせて100円にしたい。

これを③かけ割り図で考えてみよう。支払うお金、つまり「税こみ値段」を「100円」にする。「本体と消費税」は「1.1倍」でさっきと同じ。わからないのは、「元になる値段」。単位量がわからない。

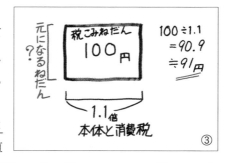

まよったときは、「面積」で考える

計算にまよったときには、④「たて×よこ＝面積」で考えるとわかりやすいよ。「たて」がわからないときは、「面積÷よこ」だよね。「よこ」がわ

からないときは「面積÷たて」。

消費税を出すときに使う「割合などの基本シェーマ」も、面積を出すのと同じように、⑤「元になる量×割合＝くらべる量」と計算します。

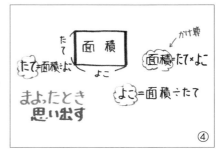

面積で「たて」がわからないとき「面積÷よこ」をするのと同じように、いま「元になる量」がわからないから、「100÷1.1＝90.9090……」、くりあがって91円。91円のものを買えばいいとなります。

かけ算で消費税がいくらかも出せるし、割り算で持っているお金からいくらのものが買えるかも出せる。

「めちゃむずい」問題

次はこんな問題をやってみましょう。「めちゃむずい」問題だよ。

「長さ0.6mで、120gの鉄の棒がある。これが1mだと、何gになるでしょう」。

ちょっともがいてみて、こういう式を書く人がいるんだよ。出てくる数字が「0.6」と「120」だから、「120g÷0.6m」とか「120g×0.6m」。どっちかあってるだろう、と（笑）。

「120g」が「全体」で、「0.6m」が「たて」か「よこ」かだよね。問題に「1mだと」とあるのが「単位量」になるから、⑥かけ割り図はこうなります。

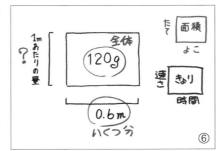

2 消費税の計算　　127

そうすると割り算。「120g ÷ 0.6m ＝ 200g」だね。

いろいろ応用できる

　面積を考えるときは、「たて」と「よこ」が逆でも問題ないけど、**「1あたり量」「元になる量」は、いつも、図の「たて」にきます。**

　「速さ×時間＝距離」も、かけ割り図で考えられます。「速さ」が「元になる量」で、「時間」が「いくつ分」。たとえば「1分あたり何メートル進む」が「1あたり量」。それで「10分」進むと、「距離」が出てくる。

　今日の消費税の問題をかけ割り図で復習すると、消費税を出すときは、「元になる量×割合」、つまり「10％の消費税」の「0.1」をかける。

　支払う金額を出すときは、「元になる量×割合」、つまり「本体と消費税」の「1.1」をかける。

　この「割合などの基本シェーマ」で、「単位量」や「混み具合」、いろんなものが出てきます。けっこう使いやすいよ。

　最後に1つ問題です。「2750円を支払ったけど、元の値段はいくらですか？　消費税はいくら？」。「割合などの基本シェーマ」を使って考えてください。「割合」はこれまでやったように、「1.1倍」です。

　今日はここまでにします。また元気に勉強しようね。さよなら。

　　　　　　　　　　　授業動画URL　https://japama.jp/okazaki_class_hs3-2/

※1　「シーズン3・高学年1『単位量』の基本」(本書120ページ)参照。授業動画は右のQRコードよりご覧いただけます

※2　『小学生の授業　シーズン1』(小社刊)より「中学年5　かけ算ってなに？」(56ページ)参照。授業動画は右のQRコードよりご覧いただけます。

解説 高-2 〈数と形の世界〉
消費税の計算

　消費税については学習の題材がたくさんあります。**社会科的に、税金のしくみについて学ぶことがとても重要**です。

　ボクの地域の小学校では税務署から「税金学習」をするために署員が数名派遣されてきます。高学年対象に1時間くらい、「税金のしくみ」についての授業がおこなわれます。

　ニコニコ話してくれますが、「ちゃんとみんなも税金払うのよ！」という「納税者育成教育」のメッセージが埋めこまれています。**「税金の正しい使い方」**とか**「反戦主義だったら防衛費分の税金は支払わなくていいですか？」**という質問には答えません。

　さて算数の授業で、「9円以下と19円の品物にはそれぞれいくらの消費税がつくのでしょう？」というと、みんなはきょとんとしています。「実際にコンビニやお菓子屋さんで安いおかしを買って調べてみてください」という宿題を出したことがあります。

　「9円以下の消費税は0円」「19円までは1円」です。消費税の1円以下は切り捨てです。「それなら、15円のアメを2ついっしょに買わないで、別々に買えば、消費税の1円分がもうかるな」とつぶやいたわんぱく（笑）がいました。

　消費税も単位量ということで考えていけるということを授業では話していますが、じつは、**かけ算と割り算の考え方は、「かけ割り図」がわかればほぼ完了**です。かけ算の導入では、同じ数字を累加（足していくやり方）でなく、できるだけ単位量（1あたり量×いくつ分）で教えられるといいと思っています。

　「長さ0.6mで、120gの鉄の棒がある。これが1mだと、何gになるでしょう」は、正解率がとても低い「頭がこんがらがる問題」なのです。かけ割り図で整理してみてください。

シーズン3 高-3 〈暮らしと科学〉
月の見え方と太陽の位置

動画はこちら↑

　みなさん、こんにちは。今日は「月の見え方と太陽の場所」について。満月、半月、三日月……いろんな形の月を見て、太陽はどこにあるんだろうと考えたことはある？　今日はそれを勉強しましょう。

狼男は満月の夜に……

　満月の夜には、狼男が出るといわれることがあるよね。「人狼」ともいわれます。

　14〜17世紀にヨーロッパで、盗みなどよくないおこないをした人が、キリスト教からお仕置きされる。そのお仕置きのひとつに、7〜9年間、満月の夜のたびに、自分の耳に狼のとがった耳をつけて、村中をまわってほえるという罰があったらしい。そんな記録が残っています。

昔は「天動説」が信じられていた

　最初に、「天動説」と「地動説」の話をします。みんなは、地球が太陽のまわりをまわっていることを知っていますね。

　でも昔は、地球が中心で、そのまわりを太陽や月や星がまわっていると考えられていました。アリストテレスやプトレマイオスというすごい哲学者や、有名な人たちが、この**「天動説」**を唱えていました。

　今は技術が発達してロケットで宇宙に行けるので、太陽のまわりを地球がまわっていることは、だれでも知っているけれど、当時はわからなかった。地球が太陽のまわりをまわっている実感もないでしょ？

そして、それがカトリックの教えでした。だからその教えに反したことをいうと、お仕置きされたり、ろうやへ入れられたりしました。

「地動説」の証明へ

でも、だんだん技術が発達して、望遠鏡ができると、**地球や惑星などはすべて、太陽のまわりをまわっている**と考えたほうが説明がつくと考えられるようになりました。それで、コペルニクス、ガリレオ・ガリレイ、ケプラーなどの科学者たちが「**地動説**」を証明しました。

でも、生活のなかではいまでも、天動説的に、太陽や月が東から出ると考えたほうがわかりやすいよね。だから、両方をうまく使えばいいかなとは思います。

先生も調べてびっくりしたけど、1992年、30年くらい前にようやく、カトリック教会は正式に地動説を認めました。

太陽の光が当たる角度を考える

みんなは地動説で勉強しています。①月は、太陽の光が反射して、明るく光って見えています。月そのものは光を出していません。

たとえば、岡崎先生が「月」で、見ているみんなが「太陽」だとすると、先生の顔の前半分に光が当たっています。

先生の顔を正面から見ると、顔全面に光が当たっているから、月でいえば「満月」。だけど横から見ると、前半分しか光があたっていないから、月いえば「半月」に見えるわけです。もうちょっとうしろから見ると、もっと細く三日月に見える。

ライトの前でボールなどを持ってまわってみると、わかります。

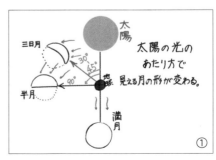

月そのものの形は同じだけど、太陽の光が当たる角度によって、ちがう形に見える。
　①の絵にあるように、**三日月と太陽のあいだの角度が30度から45度ぐらいです。半月と太陽のあいだは90度ぐらい**。ちょうど半分ぐらい、太陽の光が当たるからね。**満月は真正面**。

三日月、半月はいつ見える？

　では、「三日月はいつ見える？」「半月はいつ見える？」「満月と太陽はいっしょに見られるのか」という疑問を解決していきます。
　まず、三日月です。②太陽が朝、東から出るころにちょうど、三日月も出はじめるんです。でも太陽の光が明るすぎるので、三日月が見えません。
　昼だって星は出ているはずだけど、太陽が明るすぎるので見えない。同じように、月も見えません。お昼、太陽が南にあるころ、三日月は東と南のまんなかぐらいにありますが、やはり太陽が明るいから見えない。

　西の空に太陽がしずみはじめると暗くなるね。そうするとやっと、三日月が見えはじめます。だから、三日月が見えるのは、西の空。
　半月は、太陽とのあいだの角度は90度。③お昼、太陽が南にくると半月は東から出はじめる。でもこのときは、太陽が明るすぎて月が見えない。夜になって太陽がしずみはじめ

ると南の空に半月が見えます。そこから西に移動する。

満月と太陽はいっしょに見られる？

　満月はどうかというと、④東の空から太陽が出るころには、満月は西にある。だから、朝早く東の空から太陽が出はじめたころ西の空を見ると、満月が見えるかもしれない。お昼になると地球の反対側では満月だね。そして太陽がしずみはじめると、東の空に満月が出はじめます。

　「菜の花や月は東に日は西に」（与謝蕪村）という俳句がありますが、この月は、三日月、半月、満月、どれでしょう？　月が東に出て太陽が西に見えるのは、満月だね。「菜の花」は春の季語で、これは4月のこと。

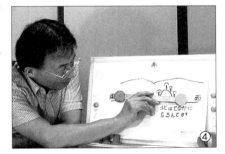

　先生はこのことを勉強したころ、わかったことがあるんだよ。

　1968年、『巨人の星』のアニメ番組が始まりました。その109話、主人公の星飛雄馬が、恋人の美奈さんが死んでしまったりする不幸のどん底で、練習場の多摩川グランドで泣いたまま寝てしまう。

　ふと目を覚ますと、太陽が東からのぼってきて、月が西に見える。これを見て、「美奈さんは月だ。ぼくは太陽だ」、それが「大自然の厳しいおきてなんだ」と、立ちあがるんですね。ほんとうは「おきて」ではなく自然の現象なんだけど。これを見たときに先生は、この月は満月だなと心にきざんだわけだよね（笑）。

　月を見たときに、そのときの太陽の場所も考えてみると、宇宙ってすごいなと思うようになる。大自然は見方によってすごくおもしろいね。じゃあ、さよなら。

　　　　　授業動画ＵＲＬ　https://japama.jp/okazaki_class_hs3-3/

解説 高-3〈暮らしと科学〉
月の見え方と太陽の位置

授業動画はこちら→

　宇宙の問題は子どもたちのなかでは、ほんとうは「どうでもいいこと」なのです。小学生くらいの子どもは「太陽のまわりを地球がまわっている」「月は地球のまわりをまわっている」なんていうことにそれほど興味をもちません。

　では、「宇宙人」「ロケット」などというと、俄然興味をもつ……ともいえないのです。これは**現代の子どもたちの文化資本（家庭や育ちのなかでどんな文化のどれくらいの質と量が影響しているか。文化としての環境）**によるのです。

　ちょっと昔なら、ウルトラマンや怪獣映画が使えました。「M78星雲はどこにあるのか？」「バルタン星人の故郷はどのあたりなのか？」「バルタン星人は、なぜ『フォッフォッフォッ』と笑うのか？」などなど。『銀河鉄道999』も導入で使えました。

　「みんなの住所はね、宇宙銀河系内太陽系内地球惑星アジア州日本国……」とやっていたのです。

　宇宙は大きすぎてなかなか実感のわかないものなのですが、**だからこそいろいろな「夢」を語ることのできる授業だった**のです。遠い宇宙には、地球人と同じような宇宙人がいるのだとか、ブラックホールに吸いこまれたあとはどうなるのか？」ということが、先生も子どももいっしょに話せたのです。

　夜の月を見ながら、「太陽はどのあたりから照らしているのだろうか？」とか尋ねてみてください。朝、太陽が昇ってくるときに西にうかんでいる「白い月」を見て、「すごいなあ」と一瞬でも子どもたちが思ってくれたらいいなあと思います。現代、大人が「月と星を物語ること」を忘れてしまったのです。**子どもといっしょに、夜の月や星をながめたり、夕焼けの影の長さに驚いたりしてほしい**のです。

おわりに

授業は子どもと教師の「生きる場所」

ボクの授業は、数えきれない先人の積みあげてきた、子どもをまんなかに据えた「授業実戦」によって成り立っています。

その戦後の教育を担った人々は「人の尊厳」をなによりも重んじ、「子どもの生活」に触れ、子どもの本音を大切にしてきました。ボクはその人たちに挑発され、とても多くの刺激や教えを受けました。

手弁当で集まり研鑽しあう民間教育団体は多く、そこに集う「市井の賢人」たちと出会い、無礼にもつっかかり、挑みながら、「いつまでも学校の現場にこだわりつづけます」と宣言し、いまにいたっています。

授業は子どもと教師の「生きる場所」です。そこがおもしろくなくていいはずはありません。「岡崎先生」1人のオンライン授業という、片肺飛行のようですが、ボクは子どもたちの顔を強く思い念じて授業をしました。

本書と授業動画が、多くの子どもたちと親、そして先生の笑顔のきっかけになったら、こんなうれしいことはありません。

岡崎 勝

教育・不登校・心・体……悩み、不安、疑問は
「ちえぶくろ相談室」へどうぞ！

学校、教育、先生、不登校……岡崎勝さんへのオンライン相談を受付中！
くわしくは、ジャパンマシニスト社HP「ちえぶくろ相談室」へ→

※石川憲彦さん「オンライン精神科相談」／山田真さん「ワハハ先生の子ども・からだ相談室」／内田良子さん「不登校・ひきこもる子と暮らす家族の相談室」もぜひ！

YouTubeジャパンマシニスト社チャンネルで、これまでのご相談の録画を公開しています　→

15分動画でワクワク！
小学生の授業
シーズン2・3

2020年11月28日第一刷発行

著者　　　岡崎 勝

編集　　　奥田直美
動画編集　　新津岳洋
装幀・組版　かなもりゆうこ
イラスト　　つき山いくよ
写真　　　　吉谷和加子
営業　　　　笹倉みどり
プロデュース　松田博美

発行人　　中田 毅
発行　　　（株）ジャパンマシニスト社
　　　　　〒195-0053　東京都町田市能ヶ谷1-3-2大黒屋ビル
　　　　　Tel 0120-965-344　　https://japama.jp/

©Okazaki Masaru・(株)ジャパンマシニスト社
2020 禁無断転載

ジャパンマシニスト社

QRコードは株式会社デンソーウェーブの登録商標です。